# 新金融啟示錄 2.0

## FinTech, PropTech & Web3

邵志堯 陳潁峯 呂日朗 陳家豪 著

**新金融啟示錄 2.0**

**作者**
邵志堯 陳潁峯 呂日朗 陳家豪

**編輯**
Christine

**設計**
三原色創作室

**出版**
聯合電子出版有限公司
香港九龍長沙灣永康街 77 號環薈中心 10 樓 1011 室
2597 8415
info@suep.com

**發行**
香港聯合書刊物流有限公司
香港新界荃灣德士古道 220-248 號荃灣工業中心 16 樓
2150 2100
info@suplogistics.com.hk

**印刷**
美雅印刷製本有限公司
九龍觀塘榮業街 6 號海濱工業大廈 4 字樓 A 室
23420109

**版次**
2025 年 7 月出版

**ISBN**
978-988-8909-42-1

# 序

**邱達根**
香港特別行政區立法會議員（科技創新界）

## 在變革浪潮中再度啟航

《新金融啟示錄》初版面世時，香港正站在一場金融科技革命的轉折點：區塊鏈技術的潛力初顯、數碼貨幣方興未艾、傳統金融體系在效率與包容性方面面臨與日俱增的挑戰。《新金融啟示錄》就如同燈塔一樣，嘗試為探索未知之海的從業者、監管者和公眾提供適切指引。

轉眼一年，風起雲湧。全球見證下，許多原屬顛覆性的構想以驚人的速度變為現實。去中心化金融（DeFi）逐漸走向大規模實踐，央行數碼貨幣（CBDC）和穩定幣的研究和試驗日趨成熟。現實世界資產代幣化（RWA）有潛力成為銜接鏈上鏈下價值的橋樑。生成式人工智能（Generative AI）的爆發式成長尤其矚目，促使金融服務變得更智能化和個人化。總的來説，科技正以前所未有的廣度和深度重塑金融的底層邏輯、服務形態及其風險管理模式。

《新金融啟示錄 2.0》的出版正當其時。本書不僅是初版的更新，更是一次「再啟示」，探討了當今最前沿、最具爭議和最關鍵的領域：

1、Web3 的實踐與監管平衡：Web3 已經越過了概念炒作的階段。往後本港須要聚焦於 Web3 金融的可擴展性、互操作性、用戶實際體驗，以及如何在擁抱創新與防範風險之間定立平衡點。自 2023 年中起，虛擬資產服務提供者（VASP）發牌制度成功實施。今年（2025 年）立法會又通過《穩定幣條例草案》，使法幣穩定幣發行人的發牌制度得以設立。這些都是體現平衡的治理楷模，也為全球監管機構示範了「香港方案」。

2、AI 驅動金融未來：本書剖析生成式人工智能如何深刻改變客戶服務、投資研究、風險管理、反詐騙、合規監管等核心金融環節，兼論由此產生的的倫理困境、數據私隱、演算法偏見和就業市場衝擊等熱門議題。

3、融合可持續金融與科技：探索區塊鏈技術、AI 和大數據如何賦能綠色金融、碳信用追蹤、ESG 數據透明化，使金融成為推動可持續發展的引擎。

4、應對新型風險格局：在技術複雜性、互聯性激增的時代，如何構建更具韌性的金融基礎設施，應對新型網絡威脅、系統性風險傳染，以及依賴科技所伴隨而來的脆弱性？

香港憑藉「一國兩制」的獨特優勢、深厚的法治傳統、成熟的金融市場、匯聚中西的人力資源，以及具前瞻性的法規建設，完全有潛力成為這場金融科技變革的全球領導者，其關鍵在於政府、監管機構、業界、學術界和社會各界能否凝心聚力，共同以智慧和力量構建一個安全、高效、普惠、負責任，同時面向未來的新金融生態體系。

《新金融啟示錄 2.0》匯集了四位前沿思想者和金融科技實踐者的真知灼見，既是理解當下複雜發展態勢的鑰匙，也點燃了未來更多可能性的思考火花。我誠摯推薦本書給所有關心金融未來、科技發展、經濟轉型和社會福祉的讀者。不論金融從業員、科技創業家、政策制定者、研究人員抑或希望把握時代脈搏的市民，必定能夠透過本書獲得新的啟發。

我們要以開放的心態擁抱變革，以審慎的態度管理風險，以創新的精神塑造未來。香港正值積極探索新金融及攻佔席位的時代，本書貢獻了不可或缺的智慧和方向。

# 序

## 簡慧敏

香港特別行政區立法會議員（選舉委員會）

當在全球經濟格局風雲激盪、科技創新瞬息萬變的時代浪潮中，香港作為國際金融中心與粵港澳大灣區的創新樞紐，正處於產業轉型與技術突破的關鍵時期。本書匯聚邵志堯、陳頴峯、陳家豪、呂日朗四位專家的實戰經驗與專業洞見，從多元視角深入解讀金融科技浪潮下的挑戰與機遇，對鞏固香港國際金融中心的地位深具啟發意義。

邵志堯博士回溯金融創新歷史長河，從古代金融智慧到現代數字貨幣，清晰勾勒出中國在金融創新歷程中的重要地位與深遠影響。陳頴峯先生聚焦虛擬銀行（現稱為數字銀行）與 Web3 前沿領域，從監管合規到市場發展層面，提出創新思路。陳家豪先生深入探討香港與深圳在金融科技領域的協同發展之道，剖析雙城合作的潛力與方向。呂日朗先生憑藉量化交易與演算法交易的實戰經驗，深度解構大數據與人工智能在投資領域的創新應用。

當前，香港正穩步邁向「由治及興」的新發展階段，金融科技的蓬勃發展將為本港經濟注入強勁動力。期望本書能成為業界人士、政策制定者及立法機關等的參考工具，更期待它能激發更多業界翹楚分享成功經驗，共同推動香港在金融科技浪潮中穩舵揚帆、破浪前行。

# 序

**黃錦輝**

香港特別行政區立法會議員（選舉委員會）
香港中文大學工程學院副院長（外務）

在全球金融科技發展的關鍵轉折點，《新金融啓示錄 2.0》的出版恰逢其時。作為長期深耕自然語言處理的學者，同時肩負立法會議員的職責，我深切體會到香港在這一波變革浪潮中的獨特機遇與挑戰。

過去一年，我們見證了金融科技的突飛猛進：生成式 AI 重塑金融服務模式、RWA（現實世界資產代幣化）打破傳統資產流動性壁壘、穩定幣監管框架逐步完善。本書不僅記錄這些變革，更提供深度的技術與政策分析。特別值得一提的是，書中對「AI 驅動的金融風險管理」與「區塊鏈在跨境支付中的應用」的探討，與我在立法會推動的智慧城市議程不謀而合。

在 Web3 發展方面，香港正處於關鍵時刻。本書提出的「監管科技」（RegTech）框架，為平衡創新與風險管控提供了實用方案，這與我近期在立法會質詢中強調的「科技治理」理念高度契合。書中對數字港元與央行數字貨幣的專業分析，更是政策制定者的重要參考。

作為中文信息處理領域的研究者，我特別關注語言科技在金融服務中的應用。本書探討的「自然語言處理在智能投顧中的突破」與「多語種金融科技解決方案」，展現了香港作為中西方金融科技橋樑的獨特優勢。

香港要建設國際創新科技中心，金融科技的突破至關重要。本書匯聚金融科技傳道人陳家豪、ESG 財經專家邵志堯、Web3

從業員陳頴峯、量化金融達人呂日朗四位業界頂尖專家的實戰經驗，既具學術深度，又兼顧政策實用性，是從業者、學者和政策制定者不可多得的參考資料。期待本書能促進跨界對話，推動香港在金融科技領域更上層樓。

# 序

**湛家揚博士**
數據及人工智能素養協會創會主席

## 智融未來：AI 時代的金融與創科重塑

自《新金融啟示錄》出版以來，受到業界與讀者的廣泛肯定，促使邵志堯博士、陳家豪、陳潁峯與呂日朗——四位業界精英引領新金融思潮的行業翹楚，再度合著《新金融啟示錄 2.0》。此作不只是延續，亦是一次更具深度與廣度的升級，反映人工智能時代下金融與科技融合的最新演化與策略思考。

作為香港金融科技與人工智能生態圈的參與者與推動者，我深知這個時代需要的是有見地、有行動力的知識導航者。《新金融啟示錄 2.0》正是這樣一本難得的力作。身為業界一員，我非常欣慰能見證這支夢幻團隊再次合力推出這本兼具前瞻與實戰的作品，將複雜概念抽絲剝繭，轉化為各界可行的思路與策略。這次，我非常榮幸能為這本由四位傑出作者共同撰寫的《新金融啟示錄 2.0》作序。

本書聚焦 AI 在金融科技領域的應用突破，涵蓋智能風控、個人化財富管理、監理科技、量化交易及數碼貨幣等核心領域，亦探討生成式 AI 與 Web3.0 等技術如何共同重構金融服務與市場運作。同時，作者們亦清楚指出金融科技如何作為創科生態圈的加速器，推動初創發展、資金流動與產業鏈整合。

對政策制定者而言，書中針對監管與法規創新提出具體建議；對投資者與企業領袖，則提供策略視野與技術落地建議；

對學研與培訓機構，更是人才培育與跨界轉化的重要橋樑。

我深信，《新金融啟示錄 2.0》將在本地與國際層面發揮深遠影響。它不僅是一本著作，更是一項面向未來的行動號召，鼓勵我們共同參與塑造一個更智慧、更具韌性與包容性的金融與創科生態圈。

# 序

**龐寶林**

環境社會及企業管治基準學會（IESGB）創辦人
亞洲金融科技師學會（IFTA）主席

在金融科技與可持續發展雙軌並進的新時代，我們正見證一場顛覆性的變革。作為 IESGB 創辦人及 IFTA 主席，我很榮幸再次為這本集結頂尖專家智慧的著作撰序。今年，除了我會（IFTA） 的副主席陳頴峯、顧問陳家豪，以及我在 ESG 界別的好朋友邵志堯三位專家的研究和見解外，更加入量化金融專家呂日朗先生，形成更強大的「金融科技四人組」。

本書延續了對 AI、區塊鏈、大數據等前沿技術的深度探討，更緊扣時代脈搏：從香港虛擬銀行發展三年來的實戰經驗，到穩定幣監管沙盒的突破性嘗試；從後量子時代的區塊鏈安全挑戰，到資產代幣化與綠色金融的創新融合。這些內容不僅展現了香港作為國際金融中心的創新活力，更為全球金融科技發展提供了寶貴的「香港方案」。

特別值得關注的是，今年新增的「加密貨幣監管」與「Web3 產業轉型」專題，直面行業痛點。當 JPEX 事件敲響警鐘之際，書中提出的監管科技（RegTech）解決方案，為平衡創新與風險管控提供了新思路。而〈數字人民幣跨境支付〉與〈虛擬資產指數〉等章節，則生動展現了傳統金融與數字經濟的共生共榮。

我深信，這本融合實務經驗與前瞻視野的著作，將為金融從業者、政策制定者及學術研究者帶來重要啟發。讓我們共同把握金融科技的變革力量，推動更具包容性與可持續性的金融未來。

# 序

**尹德輝博士**
廣東省地產商會副會長

## 土地裡長出的貨幣
## ——論不動產金融的千年基因

我畢生都在與土地對話，卻直到讀完此書才真正聽懂土地的語言。

從商王武丁用貝幣收購青銅器原料，到深圳用土地拍賣撬動改革開放——邵志堯先生揭開一個殘酷真相：所有地產泡沫，都是集體記憶的重播。

戰國「井田制」崩壞引發的土地證券化（書中對齊國「刀布」貨幣的考據發人深省），與現代REITs的底層邏輯驚人相似；

南宋「房廊錢」公租房證券化實驗，竟預言了2023年中國保障性租賃住房REITs風潮；

19世紀芝加哥期貨交易所起源於穀倉收據交易，本質是將「空間價值」轉化為流動性。

本書最顛覆之處，在於解構「不動產」的金融本質：當書中對比北宋交子以四川鐵錢為錨、與美元曾掛鉤黑金石油的歷史路徑時，我突然頓悟——今日我們炒作的「地段」，不過是新型資源錨定物。

給所有地產人的當頭棒喝：當元宇宙虛擬地產拍出天價，當REITs讓「空間使用權」碎化成數位代幣，這個行業需要的不是更多推案技巧，而是書中「從安陽殷墟到矽穀科技園」的跨時空視野。

# 序

**詹際珊博士**
上古國際集團 創辦人暨合夥人
泰達國際信託有限公司 創辦人暨合夥人

## 金融的「古今之變」——從《鹽鐵論》到現代貨幣戰爭

金融的本質從未改變，變的只是工具與舞台。

翻開《新金融啟示錄2.0》，宛如踏入一條貫穿千年的長河。書中以漢武帝的鹽鐵專營對比現代中央銀行的貨幣政策，用北宋交子的興衰解構加密貨幣的狂熱，更以明末白銀危機映射當代美元的霸權循環——這種跨越時空的對話，不僅是智識的盛宴，更是對金融本質的犀利叩問。

歷史總在重演，因為人性始終如一。

當我們驚嘆於荷蘭「鬱金香泡沫」與當代 NFT 投機的驚人相似，或從唐代飛錢制度看見區塊鏈技術的雛形時，會猛然醒悟：技術反覆運算的背後，貪婪與恐懼、創新與監管的角力，早被寫進文明的基因。邵志堯博士以作家特有的敘事張力，將冰冷數字轉化為鮮活寓言，這正是本書最珍貴之處——它讓讀者在歷史的鏡像中，看清當下金融世界的倒影。

這本書不是答案之書，而是啟蒙之鑰。

當代金融體系正經歷春秋戰國般的劇變，央行數位貨幣、DeFi 革命、氣候金融……我們比任何時代都更需要這種「以史為脈絡」的思考。願每位讀者在此書中，尋得屬於自己的金融智慧。

# 序

## 陳景煌

金融法律律師

在當今快速變化的金融科技領域，邵志堯博士以其獨到的見解和深厚的專業知識，成為業界不容忽視的先驅。他有份撰寫的新書《新金融啓示錄 2.0》不僅是對當前金融環境的深刻剖析，更是對未來金融科技趨勢的前瞻性預測。

在書中，邵博士深入探討了區塊鏈、人工智能、雲端服務、大數據以及房地產科技等多個關鍵議題，這些領域正持續改變著全球金融體系的面貌。作為一名執業超過 20 年的金融法律律師，我深知在這些新興技術的推動下，法律與合規性的重要性愈加凸顯。這也正是我創辦律師事務所的初衷，我們專注於協助企業在合規的法律框架內充分利用這些新技術，確保其業務在變革中的穩健發展。

邵博士不僅展現了這些技術如何驅動金融創新，還提出了合規與商業法律在這一變革過程中的重要性。他的見解無疑有助於企業在瞬息萬變的市場中保持競爭力。正因如此，這本書將成為金融專業人士和科技從業者的必讀之作，幫助我們理解未來的金融發展方向及其潛在挑戰。

作為一位活躍的 KOL，邵博士的觀點常常引領潮流，啟發思考。《金融啟示錄 2.0》不僅展示了技術的蓬勃發展，還彰顯了合適的法律指導如何讓企業在這個新環境中乘風破浪。我們的律師事務所隨時準備提供專業支持，幫助客戶應對金融科技領域的不斷挑戰。

願這本書能激發讀者的靈感，促進對於金融與科技融合的深入思考，並推動我們共同迎接更美好的未來。

# 序

**胡伯杰先生**
大灣區碳中和協會創會會長
沛然環保（8320）CEO

## 從大禹治水到碳權交易——金融如何重塑人類與自然的契約

金融最古老的使命，是管理「稀缺性」。

4000 年前，大禹用「分九州、定貢賦」將洪水化為資源流動系統；今日，我們用碳權定價將二氧化碳變成可交易資產——讀《新金融啟示錄》，我驚覺環境經濟的本質，竟是對「稀缺性」的永恆博弈。

書中揭開的歷史鏡像令人拍案：

- 北宋「青苗法」以低息貸款調節農業周期，恰似當代綠色債券扶持再生能源；
- 明朝「開中法」用鹽引換取邊境屯墾，竟與碳權交易獎勵植林邏輯相通；
- 威尼斯共和國為保護潟湖生態徵收「造船稅」，正是環境外部性定價的古典範本。

作為環境評估從業者，我從未如此清晰看見金融的雙面性——它既能如都江堰「深淘灘低作堰」般疏通資源（書中對漢朝水衡錢局的剖析令人叫絕），也可能如尼德蘭圍海造地般引發系統性風險。

當 ESG 淪為財報上的漂綠裝飾，本書提出更深刻的叩問：「能否用金融工具重建《禮記》『貨惡其棄於地也，不必藏於己』的大同理想？」這或許是氣候危機時代最迫切的金融革命。

# 自序

邵志堯博士

## 三千年銅鏽與代碼的啟示錄

翻開北宋天聖元年的《益州交子務章程》，指尖觸及「界分三年，循環收換」的墨跡時，電腦螢幕正閃動著乙太坊智慧合約的執行代碼。這一刻，我確信自己抓住了金融史的幽靈——它從未死去，只是在青銅範、楮皮紙與區塊鏈間不斷重生。

本書是一場貫穿 30 個世紀的追獵。

在四川交子務的朱印暗紋裡，我看見比特幣 SHA-256 演算法的雛形；從范仲淹設立義莊的治家鐵律中（「族產永不得鬻，歲入半濟貧寒，半充學資」），讀出比洛克菲勒家族信託早 900 年的慈善永續模型；當泉州宋代海商以「船份制」拆分貿易風險，其股權架構竟與現代 SPAC（特殊目的收購公司）高度神似。

這些發現不是巧合，而是金融基因的顯性表達。

最震撼的啟示來自範氏義莊。

這座運轉 800 年的東方家族基金，用「田契—倉，儲—學堂」的閉環設計，預演了現代 ESG 投資的核心邏輯。當書中將義莊「歲捐千石賑災」換算為當代影響力投資的社會回報率時，金融史的弔詭昭然若揭：我們用區塊鏈追求「去中心化」，卻在宋代已見證宗族共治的分散式治理奇蹟。

3000 年金融創新史，本質是一場「加密與解密」的永恆博弈——殷商人用貝幣穿孔數目標記價值，猶如 NFT 的元數據認證；明朝寶鈔的雕版防偽水紋，實為央行數位貨幣的視覺密鑰；

而當 DeFi（去中心化金融）鼓吹「代碼即法律」時，敦煌出土的唐代「舉錢契」早已寫明：「月利拾伍文，違限不還，任掣家資。」

這本書不是歷史考據，而是對未來的考古。當各國央行競逐數位貨幣霸權時，但願我們記得：所有金融革命的終極戰場，不在伺服器或金庫，而在《周禮》「九府圜法」與中本聰白皮書共構的人性迷宮裡。

# 自序

陳潁峯

## 四大才子的金融科技江湖

今年 1 月的某個傍晚，中環某間比利時酒吧裡，三杯 Hoegaarden 剛上枱，Kenny 哥就拋低一句：「今年本書，我哋要加碼！」原來他早已密謀拉攏「金融工程達人」呂日朗（Hermann Sir）加盟。Emil Sir 拍枱大笑：「好！舊年三劍俠，今年四大才子，夠晒江湖！」

這畫面何其熟悉——去年在灣仔西班牙餐廳決定合著時，誰能料到短短一年間，Web3 世界已天翻地覆？ JPEX 風暴撕開監管真空，RWA（現實世界資產代幣化）逆市爆紅；ChatGPT 顛覆金融客服之際，香港政府繼續發行代幣化綠色債券。我們這群「金融老鬼」，就像數字金融海浪的衝浪手，既要抓穩傳統金融的浮板，又要踏著數字資產的激流。

有人說銀行家是西裝革履的保守派，但我這 20 多年來，由後台 IT 狗，走到前台做區長捽分行前線跑數；呢頭幫大老闆寫「電子銀行五年規劃」，嗰頭就被丟到只有三個人的創始團隊，從零開始搞香港首個手機銀行開戶。

最諷刺是當我們終於把所有銀行服務都塞進 iPhoneApp 之後，發現虛擬銀行都已經不是在金融科技的最尖端。如今在 FinTech 平台看昔日同行，簡直好似平行宇宙：他們還在為分行規劃頭痛，我們已在 Web3 世界賣虛擬資產。

今年特別加入 Hermann Sir 帶來「量化金融」。他將期權市場拆解成工程藍圖，用「概率公式」計算各種資產的風險溢價，更表演如何用 Python 程式自動捕捉套利機會。

Kenny 哥繼續他的「房地產科技」——用《易經》「窮則變，變則通」的精神，解構各種房地產科技應用，與及 ESG 金融場景。Emil Sir 則化身「監管紅線拆彈專家」，從 JPEX 事件到穩定幣沙盒，刀刀見血指出：香港要當 Web3 少林寺，先得練好合規金鐘罩。

至於小弟，寫呢本書呢年，好似狗仔隊咁，周圍追蹤最爆嘅趨勢。由不丹呢個小國竟然夠膽將比特幣當國家儲備，到香港力推數碼港元；由 Web3.0 點幫傳統行業轉型，到虛擬貨幣 ETF 點樣改寫遊戲規則——每篇文都紀錄住呢個行業轉變有幾快！

如果說《新金融啓示錄》是航海圖，今年這本續集更像是藏寶密碼。當央行數字貨幣撞上元宇宙經濟；當 ESG 評分被寫入智能合約，真正的金融變革先剛揭開序幕。

感謝每位讀者做我們的「見證人」——你手上的不是書，而是撬開未來銀庫的萬能鎖匙。

2025 乙巳蛇年端午節

# 自序

呂日朗

## 緣起新金融，攜手創未來

人生中有些相遇，看似偶然，實則蘊藏著奇妙的緣分。這本書的誕生，正是由四位志同道合的夥伴，在金融科技（FinTech）的浪潮中碰撞出的火花。

最初，我認識了邵志堯博士，他的博學與對新科技的敏銳洞察，讓我受益良多。後來，透過他的引薦，結識了陳家豪（Emil）和陳潁峯（Raymond）。有趣的是，我們四人一見如故，不僅在專業上互相啟發，更在人生態度上惺惺相惜。

如今，我和邵博士每週合作拍攝 YouTube 節目，探討如何將 AI 融入 FinTech，推動新質生產力的發展。邵博士甚至笑言：「現在和你見面的時間，比見我太太還多！」雖是玩笑，卻也反映出我們對這份事業的熱忱與投入。

Emil 是一位充滿使命感的數字經濟先驅，他對數字貨幣、雲端科技的推動不遺餘力，甚至常常「恨鐵不成鋼」，擔心香港在金融科技的競爭中落後於粵港澳大灣區、新加坡等地。這份對行業的責任感，讓我由衷敬佩。工作之餘，我們還有一個共同的愛好—— 街拍（snap shot）。兩人拿著相機，穿梭於中上環的街巷，捕捉城市的脈動，最後在咖啡館裡杯 cold brew，暢談科技與生活，這樣的下午，總是讓人回味無窮。

而 Raymond 則是 Web 3.0 與加密貨幣領域的佼佼者，他的專業見解讓我獲益匪淺。更難得的是，他的家教甚好，公子正在讀大學三年級，謙遜有禮。作為「世叔伯」，我也樂於在財金領域上稍作指點，看到年輕一代的成長，總讓人對未來充滿期待。

這次能與三位夥伴共同撰寫《新金融啓示錄 2.0》，我深感榮幸。這不僅是一本關於技術與趨勢的書，更記錄了我們在 FinTech 浪潮中的思考、探索與情誼。希望讀者能從中獲得啟發，也期待香港乃至全球的金融科技生態，能在創新與合作中不斷突破，迎接更廣闊的未來。

# 自序

## 陳家豪

我們正身處一個科技浪潮洶湧澎湃的時代，金融科技（FinTech）已不再是遙遠的未來，而是深刻塑造著現代社會的基石。然而，身為國際金融中心的香港，在金融科技的發展征途上，卻似乎與一些發達經濟體漸行漸遠，面臨著前所未有的挑戰。

我是陳家豪，自稱「愚公」。這並非自謙，而是我對金融科技事業的熱忱與堅韌的寫照。多年來，我始終堅信，唯有秉持「愚公移山」的精神，持續不懈地推動香港金融科技的進步，才能排除萬難，實現我們的宏偉目標。我願以筆為犁，以言為炬，透過撰寫專欄、教學、公開演講，讓社會各界真切感受到金融科技的磅礡力量，並誠邀有志之士，一同投身這場金融革新的洪流。我們的努力，旨在不斷優化現有的金融體系，為廣大市民帶來更便捷、高效、普惠的金融服務與體驗，最終推動整個社會的繁榮與進步。

本書正是我對香港金融科技未來的一次深度思考與前瞻分享。我將毫無保留地分享我在行業摸爬滾打多年的觀察與洞見，並提出一系列切實可行的解決方案。這些方案不僅涵蓋了金融科技的核心議題，如數據庫建設、智能身份證的迭代升級、隱私保護的堅實壁壘，更將觸及香港金融科技發展的深層次脈絡。

香港，這顆璀璨的東方之珠，作為全球頂級的國際金融中心，絕不應被金融科技發展的滯後所束縛。我們深知挑戰重重，但更應看到香港所蘊藏的巨大潛力與獨特優勢，尤其是在粵港澳大灣區的宏大戰略背景下。是時候加快步伐，緊握時代賦予的黃金機遇，避免淪為歷史的「古董」。

本書旨在喚醒社會各界對香港金融科技現狀的關注，並提供破局之道。我衷心希望，這本書能激發更多人的思考與參與，共同為香港金融科技的騰飛貢獻力量，讓我們的城市在全球競爭中始終保持領先地位，不斷向前。

特別的是，本書將深入剖析深港融合如何成為香港金融科技發展的「黃金引擎」。我們將探討兩地在科技與金融領域的深度協同，如何共同繪就嶄新的金融科技藍圖，為大灣區乃至全球金融創新注入強勁動力。對於香港讀者而言，這本書將揭示如何整合大灣區的豐富資源，強化香港作為國際金融中心的地位，實現「新金融啟示錄2.0」的宏偉願景。而對於內地朋友，本書則將闡明香港如何成為內地企業「先入港、後出海」的理想橋頭堡，藉助香港的國際化平台，將創新成果推向全球，在國際舞台上佔據一席之地。

虛擬資產，其本質是「虛則實資」。它是一種在數字化平台上存在的價值表達形式，涵蓋了穩定幣合規、加密貨幣（如比特幣、以太坊）、虛擬商品（如遊戲代幣、虛擬房地產）以及代幣化證券等。儘管虛擬資產本身不具備實體形態，但它們卻承載著真實的經濟價值，並能在特定的數字平台或網絡中進行便捷的交易與流通。更為重要的是，藉助區塊鏈技術，不動產、藝術品等實體資產得以被「虛擬化」並「代幣化」，從而提供了前所未有的便捷買賣與投資機會。儘管虛擬資產並非實體，但其所具備的經濟實用性與交易價值，使其在數字經濟中扮演著舉足輕重的角色。

我是一位堅信「愚公移山」精神的金融科技從業者。感謝各位讀者對本書的關注與支持，希望書中所分享的觀察與方案，能為香港金融科技的發展提供新的啟示與思考。讓我們攜手合作，共同為香港打造一個更繁榮、更具創新活力的金融科技生態系統，讓香港在新時代的金融浪潮中，繼續引領風騷！

# 目錄


序 邱達根 ......3
簡慧敏 ......5
黃錦輝 ......6
湛家揚 ......8
龐寶林 ......10
尹德輝 ......11
詹際珊 ......12
陳景煌 ......13
胡伯杰 ......14
自序 邵志堯博士 ......15
陳穎峯 ......17
呂日朗 ......19
陳家豪 ......21

## 邵志堯博士

三千年金融創新史：從青銅幣到數字人民幣的中國突圍戰 ......28
從交子到區塊鏈：一場橫跨千年的「信任技術」革命 ......31
范氏義莊啟示：香港家族辦公室如何寫下千年傳承方程式？ ......35
華山論劍新篇：納指七雄如何改寫商業武林？ ......39
蘋果稅帝國：從 30% 抽成到萬億市值的標準壟斷術 ......43
比特幣不滅定律：從華爾街 ETF 到 Z 世代的數位信仰 ......48
香港代幣化革命：虛擬資產牌照能否開啟經濟新賽道？ ......52

## 陳頴峯

《施政報告》推進香港發展成為國際「新金融」中心......................56
國內遊戲商遭《意見稿》震盪　香港 Web3.0 產業和創意產業助轉型.........60
加密貨幣找換店應由誰監管？..........................................................63
香港穩定幣：能夠穩定發展嗎？......................................................67
香港穩定幣監管與沙盒測試：香港有應用場境嗎？..........................70
Sony 進軍 Web3 和加密貨幣交易所..............................................73
Web3：技術的盛宴與面臨的挑戰..................................................77
不丹的加密貨幣試驗：比特幣納入國家儲備....................................80
加密支付的新紀元：MetaMask 和 Mastercard 的合作....................84
香港虛擬銀行的進程：從「虛擬」回到「數字」..............................87
虛擬貨幣現貨 ETF：香港投資新篇章..............................................91
虛擬銀行三年今後何去何從............................................................95
港交所虛擬資產指數系列　開創香港新金融時代..............................99
銀行業務新篇章：代幣化產品與虛擬資產託管..............................102
數碼港元彰顯應用價值..................................................................106
柴犬幣：從迷因到生態系統的演化之路........................................109
數字人民幣錢包增值：「轉數快」向跨境支付再邁出一步............112
政策倡拓 Web 3.0 金融應用..........................................................117
社交媒體：黑客攻擊虛擬貨幣行業新戰場....................................120
後量子時代的區塊鏈安全和產品創新............................................123
特朗普如何看加密貨幣的主流化趨勢？........................................127
跨界合作：資產代幣化聯乘綠色金融的新視野..............................130

## 呂日朗


大數據、演算法與 AI 投資：讓科技為你的財富增值......................134
當電腦取代交易員：演算法交易如何重塑金融市場？.....................138
文藝復興科技公司與大獎章基金的成功啟示.................................142
以 Excel 為例　從零基礎了解演算法交易核心元件........................145
慢慢來比較快..........................................................................149
量化 AI 基金集體失利　背後原因何在..........................................153
以年化收益 50% 為目標——投資策略設計與測試.........................156


## 陳家豪


香港深圳共築　金融科技新藍圖....................................................162
深港雙城記：當深圳崛起遇上香港轉型.........................................164
深港融合的河套試點：金融發展視角下的挑戰與啟示
——跨境規則協同與制度創新的系統性破局..................................167
深港融合下的科技與金融協同：提升國際競爭力的多維度分析.....172
深圳與香港電力公共交通發展對比與綠色金融策略建議................175
結合香港及深圳的金融科技力量賦能大灣區文旅經濟發展.............179
愚公北上解鎖 2000+ 網球場　深港「以球會友」新風潮...............185
香港網絡公平之困：
從落馬洲口岸「二維碼之亂」到電訊壟斷的結構性矛盾................188
香港金融科技、DeFi 與「一帶一路」的融合：在全球化變局中以新金融突圍......193
香港金融科技發展新方向：
從「引進來」到「走出去」 助力內地企業打造全球新金融生態....197
香港支付系統的困境與革新路徑：從 FPS 局限到穩定幣時代的突圍.........201
香港缺乏開放數據立法的現狀與挑戰............................................205
智能合約 vs 傳統 API：香港金融科技如何實現彎道超車？...........211
「Speed」直播掀深港反差：載人無人機 VS 百年電車香港融合怎突圍？...214

# 邵志堯

博士
測量師
ESG Academy 課程總監

中港金融、房地產和新經濟專家，服務多家上市公司 30 多年，近年專注大專院校教育和企業培訓，並身體力行參與社交媒體經營，在 YouTube 頻道擁有一萬多名追隨者，是香港罕有的知識型 KOL，過去十年已出版七本中文及一本英文書籍，涵蓋面非常廣，由房地產、金融、投資、ESG 至碳中和都有涉獵，希望把知識和經驗用深入淺出的文字和影像跟大眾分享。

香港房地產佔 GDP 比重不輕，PropTech（房地產科技）是其中可以提高其生產力的選項。這章節圍繞房地產科技闡述了世界已發生的案例，希望值此引發更多從業員作思考，增强房地產界別的競爭力。

# 三千年金融創新史 8
## 從青銅幣到數字人民幣的中國突圍戰

公元前 81 年，長安城未央宮內爆發一場跨時代辯論。御史大夫桑弘羊與六十餘名儒生激辯鹽鐵專營政策，這場被後世稱為「鹽鐵會議」的經濟峰會，竟超前討論「國營與民營的邊界」。當歐洲還在用牲畜換麥子時，中國官僚已深諳國家資本主義的精髓。這不是孤例——從交子到數字人民幣，從范氏義莊到家族信託，中國金融史埋藏著改寫全球規則的密碼。

### 一、中央統籌的祖傳基因：桑弘羊的「國資委」實驗

漢武帝元狩年間，桑弘羊創造性推出「均輸平準法」，建立史上首個國營物流體系。官府在豐收區低價購糧，荒年時平價出售，這套「國家儲備調節系統」較美國 1933 年建立商品信貸公司早 2100 年。更驚人的是「算緡令」，要求商人自報資產課稅，堪稱公元前二世紀的「稅務大數據」。

這種體制創新形成獨特競爭力，漢朝能用全國鹽鐵專營收益支撐漠北決戰，而同時期羅馬帝國正陷入稅收崩潰。當代中國的國資委管理體系與地方政府投資融資平台，某種意義上是桑弘羊模式的數位升級版——2023 年中國國企總資產突破 300 萬億元，相當於全球第五大經濟體規模。

### 二、貨幣革命的千年先發優勢：從交子到 DCEP

成都浣花溪畔的北宋交子鋪，曾上演比荷蘭阿姆斯特丹證券交易所更早的金融革命。商人將鐵錢寄存換取紙質憑證，這種信用貨幣的流通效率是金屬貨幣的 17 倍。更超前的是「界分

制度」：每三年回收舊交子發行新鈔，防止通脹惡化——這比1913 年美聯儲的公開市場操作機制早了九個世紀。

現代中國將這種貨幣創新基因發揮到極致。2020 年推出的數字人民幣（DCEP），在深圳試點時創造單日 14 萬筆交易紀錄。其「雙離線支付」技術，讓青藏高原牧民在無網絡環境下也能完成交易，這項突破甚至超越比特幣的區塊鏈架構。瑞典央行研究顯示，中國移動支付滲透率達 86%，而美國僅為28%，這種差距源於骨子裡的貨幣創新記憶。

## 三、民間金融的東方智慧：范氏義莊的現代變形

1049 年，范仲淹在蘇州創立范氏義莊，用千畝良田收益建立教育、養老、醫療基金。這套運作 853 年的「家族辦公室」，比歐洲美第奇家族信託早 400 年，更暗合現代永續基金理念：將 70% 收益用於公益，30% 再投資，精準控制風險與回報。

這種社會化金融基因在當代進化出獨特形態。寧波方太集團設立的「家族憲法」，規定企業利潤 30% 投入公益基金，同時建立股權信託防止代際紛爭。招商銀行報告顯示，中國家族辦公室管理資產在 2023 年突破 7.8 萬億元，其中 43% 設立慈善信託條款，遠高於歐美同業的 19%。

## 四、22 世紀金融新物種：中國式創新的三支箭

1. 元宇宙財政部：杭州已試點用數字人民幣支付虛擬土地交易稅，這種「鏈上稅務系統」可能催生全球首個元宇宙經濟監管框架。

2. 碳權期貨銀行：福建林業碳匯交易平台將千年竹林碳匯能力證券化，農民可憑「空氣收益權」獲得貸款，這項綠色金融創新正被東盟國家複製。

3. 數據資產交易所：北京國際大數據交易所試行「數據資產質押融資」，企業可用客戶畫像數據估值借款，開創無形資產資本化新路徑。

## 結語：在長安與矽谷之間建設金融絲路

當西方討論 Web3.0 革命時，他們應該翻開《鹽鐵論》尋找靈感；當華爾街設計家族信託時，范氏義莊的千年運營數據或許更有參考價值。從桑弘羊的平準法到螞蟻森林的碳賬戶，從交子的楮皮紙到 DCEP 的加密芯片，中國金融創新始終在解同一道題：如何讓國家資本與民間活力共舞，讓歷史智慧與科技革命共振。22 世紀的全球金融規則制定權爭奪戰，或許就藏在成都交子鋪的楮紙紋路裡，藏在范仲淹《岳陽樓記》的「先天下之憂」中——這套延續三千年的創新算法，才是中國最危險的「金融核武」。

# 從交子到區塊鏈：一場橫跨千年的「信任技術」革命

北宋初年，當四川商人將沉重的鐵錢換成輕飄飄的交子時，他們不會想到這場發生在西元 11 世紀的貨幣革命，竟在千年後以代碼形式重生於虛擬世界。交子與比特幣雖相隔十個世紀，卻是同一套底層邏輯：用技術創新重建人類對貨幣的信任。今天，當我們剖析交子背後印刷術、造紙術的革新時，竟能從中讀懂區塊鏈的終極奧義，這不是歷史的巧合，而是文明對「可信價值載體」的永恆追尋。

## 交子革命：雕版與楮皮紙構築的信任網絡

北宋初年的蜀地，鐵錢千文重達 25 公斤，匹絹交易需車載牛馱。商賈發明的交子，本質是「用技術解決物理限制」：

1. 雕版防偽術：每張交子印上獨有密押花紋，採用多色套印技術，如同現代鈔票的微縮文字與光變油墨。

2. 楮皮紙革命：以構樹皮纖維混合蠶絲製紙，質地堅韌且無法私仿，可比擬當今晶片卡的安全基材。

3. 定期換屆制：每三年作廢的交子，強制更換新版設計，恰似區塊鏈的硬分叉升級機制。

這些技術構成「物理區塊鏈」，官府掌控雕版與特製紙張，如同掌握私鑰的節點；商戶驗證花紋紙質，如同驗證交易哈希值。當交子從民間信用憑證升級為官方法定貨幣，實質是將分散的信任機制收歸中央系統，恰如比特幣從 P2P 現金演變為機構持有的「數字黃金」。

## 活字印刷與哈希函數：分散式信任的雙生革命

畢昇在 1040 年發明了活字印刷術，徹底改寫信息傳播規則。這項技術與區塊鏈有三重隱喻：

1. 模組化思維：活字可拆解重組，如同智能合約的程式模組，打破雕版「一版一用」的僵化結構。

2. 分散式生產：各地書坊共享字庫排版，近似區塊鏈節點同步帳本，消除中央鑄幣廠的單點故障風險。

3. 抗審查特性：活字技術使典籍複製成本暴跌，正如區塊鏈讓價值傳輸擺脱銀行中介。

當我們將活字印刷對比哈希函數，更顯技術的哲學相通性——活字按韻部歸類檢索，恰似哈希將數據壓縮成固定長度指紋；雕版如同中心化數據庫，活字則像分布式帳本，允許無限組合卻杜絕篡改。北宋書商以版本校對驗證典籍真偽，與礦工驗證交易哈希值的邏輯如出一轍。

## 楮皮紙到數字錢包：價值載體的「脱實向虛」進化論

交子所用楮皮紙含暗紋水印，需透光查驗；現代冷錢包則用加密晶片儲存私鑰，透過光學感應簽署交易。兩種技術跨越千年對話，揭示價值儲存的三階段演化：

1. 實物憑證期（交子）：依賴特製載體（楮皮紙）防偽，缺點是物理損耗與地域限制。

2. 中心化數字期（網銀）：以數據庫取代紙張，卻形成「銀行－用戶」的單向信任鏈。

3. 分布式賬本期（區塊鏈）：透過加密算法與共識機制，實現「無須信人的信任」。

典型案例是官方設立「交子務」的「界分制度」，將流通期分為三年一界，到期以舊換新，這與比特幣每 21 萬區塊產量減半的設計異曲同工。兩者皆透過預設規則創造稀缺性，差別在於宋朝官僚掌控規則調整權，而中本聰將規則寫入不可逆的代碼。

## 從益州交子鋪到去中心化自治組織（DAO）

最早的交子發行機構「交子鋪戶」，實為 16 家富商聯營的私人聯盟。其運作模式竟暗合當代 DAO（去中心化自治組織）特徵：

- 節點治理：16 戶商賈共同決議發行量，類似 DAO 成員投票決定協議升級。

- 保證金制度：每發行一貫交子，須存 300 文鐵錢作兌付準備，可比穩定幣的抵押擔保機制。

- 信用可視化：定期公示賬目，如同區塊鏈瀏覽器公開所有交易記錄。

直到 1023 年北宋官府收歸交子發行權，中央集權模式取代分散治理，恰似今日各國試圖將加密貨幣納入央行體系。歷史證明，當民間創新觸及貨幣主權紅線，權力與技術必將展開拉鋸戰。

## 信任機器的千年進化史

從成都商鋪的雕版到中本聰的密碼學，人類始終在解決同一道難題：如何在不仰賴權威的前提下建立共識？交子用物理技術約束人性貪婪，區塊鏈用數學規則取代人為裁量。當 ETH2.0 的權益證明（PoS）機制，竟與北宋交子鋪的保證金制度遙相呼應，我們終於醒悟，貨幣演進的本質是將信任成本從血肉之軀轉移至客觀算法。

下一次當你用手機轉帳比特幣，不妨想像千年前的蜀地商人——他摩挲著楮皮紙上的凹凸紋路，與你指尖劃過冷錢包的金屬表面，完成了一場橫跨千年的信任擊掌。

# 范氏義莊啟示：香港家族辦公室如何寫下千年傳承方程式？

北宋皇祐二年（1050 年），范仲淹在蘇州購置千畝良田設立「范氏義莊」，這個中國最早的家族信託基金，竟讓范氏家族跨越宋、元、明、清四朝，培養出 80 位狀元與 400 名進士。800 年後，香港政府力推家族辦公室（Family Office）政策，試圖將東方智慧注入現代金融體系。當我們拆解范氏義莊的運作密碼，會發現其與頂尖家族辦公室的設計藍圖驚人相似——真正的財富傳承，從來不是金錢遊戲，而是一場制度與人性的精密博弈。

## 從義莊田產到離岸架構——不可動搖的「資產鎖定術」

范氏義莊最核心的原則，是「田產只租不賣」的鐵律。這項規定如同在資產上施加「時間鎖」：

- 抗通脹機制：宋代江南稻田年租金約佔收成 30%，等同現代 REITs（不動產投資信託）的穩定現金流

- 防揮霍設計：子孫只能領取米糧與教育補貼，無法變賣祖產，恰似家族辦公室設立「支出限制條款」

- 跨代管理：由外姓專業「管勾」與「莊正」管理，避免後代介入營運，可比現代家族辦公室聘用瑞士私銀團隊

### 香港實際案例

某港資地產家族將中環核心物業注入離岸信託，規定「只租不售」，租金收益的 40% 用於設立 STEM 獎學金。此架構融

合義莊智慧與現代金融工具，既保全資產又激勵後代，2023 年該家族第三代成員獲 MIT 錄取率達同儕三倍。

## 科舉獎懲與現代教育基金——人才培養的「激勵方程式」

范氏義莊的「績效薪酬制」堪稱古代 HR 管理典範：

- 正向激勵：考取秀才月領三斗米，中進士賞錢二十貫，換算現代等同年薪百萬港元

- 末位淘汰：三次落第取消族籍，比跨國企業「Up or Out」制度更嚴苛

- 危機儲備：義莊儲糧需維持十年災荒所需，等同家族辦公室「永續基金」的風險準備金

**港升級版：**

- 某製衣世家設立「創業擂台」，後代提交企劃書可獲百萬種子基金，營利達標後需回饋 20% 至家族基金

- 參照義莊「十年儲糧制」，要求家族辦公室保留 25% 流動資產於低風險債券，抵禦經濟週期波動

- 聘請諾獎得主擔任「學術管勾」，設計跨代教育路徑圖（如八歲起接觸編程，15 歲參與家族投資會議）

## 從宗族治理到專業託管——權力制衡的千年進化

范仲淹之姪范純仁的改革，奠定義莊長青的兩大支柱：

1. 四權分立：所有權（范氏宗族）、經營權（莊正）、監督權（管勾）、受益權（族人）相互制衡

2. 陽光法案：每年公開賬目接受族人查驗，比美國 SEC 財報披露早 900 年

**現代金融移植：**

- 某香港航運家族將資產劃分為「船隊控股」（60%）、「科投基金」（30%）、「文化信託」（10%），分別由麥肯錫、紅杉資本、牛津大學託管

- 導入區塊鏈技術，家族成員可實時查閱加密賬本，卻無權修改交易記錄

- 設立「家族憲法法庭」，成員違反信託條款需接受獨立仲裁，裁決結果直接觸發智能合約

## 從江南義莊到維港辦公室——香港的歷史機遇

范氏義莊歷經宋元戰亂、明清改朝仍能存續，關鍵在「去中心化」布局：

- 地理分散：田產分布江浙多地，避免單一災害導致系統性風險

- 功能模組化：教育、救濟、祭祀資金分賬管理，互不擠佔

- 文化認同：編纂《范氏家訓》強化價值觀傳承，比財富更持久

**香港戰略：**

1. 設立「家族辦公室自由區」：提供稅務優惠吸引亞洲百年家族進駐，目標 2030 年管理萬億港元資產

2. 開發「義莊 3.0」系統：結合 AI 與大數據，自動平衡風險資產與永續基金比例

3. 成立「家族治理學院」：培訓專業「現代管勾」，課程涵蓋量子計算、氣候金融等前沿領域

## 跨越千年的永恆命題

當范仲淹在《岳陽樓記》寫下「先天下之憂而憂」，他或許早已參透財富傳承的終極奧義——真正的家族辦公室，不是冷冰冰的數字遊戲，而是用制度將人性貪婪轉化為文明動力。

從義莊田契到智能合約，從科舉賞銀到元宇宙教育基金，香港正站在歷史的獨特交匯點。這裡既有普通法系的契約精神，又能理解東方家族的隱性倫理。當我們在維港兩岸重構現代義莊，實質是進行一場跨越千年的文明實驗：如何讓財富成為滋養人才的土壤，而非腐蝕靈魂的毒藥？

下次當你路過中環的玻璃幕牆大廈，不妨想像這樣的場景——某個家族辦公室的會議室裡，投資總監正用 AI 演算百年氣候變遷對資產組合的影響，而牆上掛著范仲淹手書的「不以物喜，不以己悲」。這或許是香港能給世界的最好答案：用最尖端的金融工具，守護最古老的人文智慧。

# 華山論劍新篇 8
## 納指七雄如何改寫商業武林？

金庸在《射鵰英雄傳》中描寫華山論劍時，五大高手爭奪《九陰真經》，表面比的是拳腳功夫，實質爭的是武學規則的制定權——誰能定義「天下第一」的標準，誰就是真正的贏家。50 年後的今天，科技巨頭「納指七雄」（微軟、蘋果、英偉達、亞馬遜、Meta、谷歌、特斯拉）正在全球商界上演一場「數位華山論劍」。他們證明現代企業的競爭，早已從刀劍硬拚的「鬥平價」，升級到內力修為的「鬥標準」。而這場較量的核心武器，正是工業時代難以想像的三大絕學——算力、算法、大數據。

### 第四重境界：鬥平價——江南七怪的「價格戰困局」

就像《射鵰》中江南七怪武功平平、只能靠人數優勢圍攻對手，許多企業仍停留在「鬥平價」的泥淖。例如，快時尚品牌不斷壓縮成本，靠 9.9 美元的 T 恤搶市佔率。這種模式如同全真教初階弟子練的「南山掌法」，招式簡單卻易被破解；當越南、孟加拉的勞工成本更低，訂單便瞬間轉移。這類企業如同武林中的鏢局，靠走量維生，卻永遠跨不過頂層武學的門檻。

### 第三重境界：鬥質量——全真七子的「技術護城河」

當企業練成「全真劍法」般的獨門技藝，便能在江湖立足。日本精密工具機、瑞士機械錶，靠僅 0.001 毫米誤差的工藝築起壁壘，如同黃藥師的「彈指神通」，以巧勁制敵。但風險在於再精妙的招式也可能被「降維打擊」。正如數位相機讓柯達的底片技術一文不值，特斯拉用軟體定義汽車，直接顛覆了傳統車廠引以為傲的引擎技術。

## 第二重境界：鬥品牌——東邪西毒的「心智操控術」

品牌力是更高階的「攝魂大法」。蘋果的極簡設計讓「果迷」甘願徹夜排隊，星巴克將咖啡賣成「第三空間」體驗，這如同黃藥師一曲《碧海潮生曲》，用情感共鳴讓人主動臣服。但品牌幻術也有弱點：若郭靖當眾揭穿歐陽鋒的「蛤蟆功」破綻，企業也可能因醜聞跌落神壇（如福斯汽車排氣造假事件）。

## 第一重境界：鬥標準——王重陽的「規則制定權」

真正的頂尖高手，如華山論劍奪魁的王重陽，從不糾結一招一式，而是直接改寫比武規則。納指七雄正是如此：

- 微軟的 Windows 系統如同「武穆遺書」，定義了個人電腦的操作標準。

- 谷歌的 Android 系統與蘋果 iOS，像《九陰真經》的兩大流派，瓜分手機江湖。

- 亞馬遜的 AWS 雲端服務，則是武林盟主的「演武場」；各門派想切磋比武（例如運行網站、AI 模型），都得向它繳納場地費。

## 新武學三絕：算力為內力、算法為招式、數據為心法

若將傳統企業比作修煉外功的橫練高手，「納指七雄」便是精通內家心法的張三丰。他們的三大核心競爭力，徹底改寫了生產力的本質：

### 1. 算力：數位時代的「九陽神功」

英偉達的 GPU 晶片，如同郭靖在桃花島吸收的「蝮蛇寶

血」，讓企業獲得深厚內力。全球AI模型有80%靠其晶片訓練，從ChatGPT到Midjourney，所有當紅「數位俠客」都得向它借力。而當微軟將算力變成Azure雲端的「內力輸送服務」，企業再也不需自建丹房（數據中心），花銅板就能買到絕世功力。

### 2. 算法：自動進化的「獨孤九劍」

谷歌的搜尋算法如同風清揚的劍法，看似無招卻能破盡萬招，它能從5500億個網頁中，瞬間找出你最需要的資訊。Meta的推薦系統更可怕：每天調整3,000億次內容推送，比歐陽鋒的「逆練九陰真經」更詭譎難測；特斯拉的自動駕駛軟體，則像周伯通的「雙手互搏」，透過數百萬輛車的實戰數據，每分鐘都在進化新招式。

### 3. 大數據：洞悉天機的「乾坤大挪移」

亞馬遜掌握20億消費者的購物數據，能像黃蓉佈置桃花島陣法般，精準預測你的下一步。蘋果透過10億台設備收集用戶行為，如同練成「天眼通」，連你何時會想換手機都瞭若指掌。這種數據心法會愈練愈強——用戶愈多，數據愈多，AI愈聰明，最終形成「數據乾坤圈」，將對手牢牢鎖死在低維戰場。

## 傳統生產模式功力盡失：從馬鈺到梅超風的悲劇

全真教掌教馬鈺武功再高，也想不到後世會出現一把火槍。傳統企業正面臨同樣困境：

- 硬體軍備競賽失效：當特斯拉用OTA遠端更新就能提升電池效能，福斯汽車投資200億歐元研發的引擎技術便瞬間貶值。

- 地理屏障消失：沃爾瑪花60年建立萬家門市，亞馬遜卻用AWS雲服務，三天內將業務擴張到190國。

- 生態綁定術：如同郭襄被困少林寺的「金剛伏魔圈」，企業一旦接入 Microsoft 365 或蘋果 App Store，便難逃生態枷鎖。

## 終極啟示：企業如何修煉「數位易筋經」？

想從江南七怪晉升為王重陽，企業需掌握三大要訣：

1. 將硬體內力化：學特斯拉把汽車變成「帶輪子的電腦」，價值重心從鋼鐵轉向代碼。

2. 練就開放生態的「北冥神功」：谷歌 Android 開放系統吸引全球開發者，終在手機市佔率上擊敗封閉的蘋果 iOS。

3. 搶佔算力靈脈：微軟投資 OpenAI、亞馬遜收購晶片公司，如同張無忌搶先進入光明頂密道，掌握乾坤大挪移心法。

## 誰將寫下《九陽真經 2.0》？

金庸筆下的武林，最終被練成《九陽真經》的張無忌改寫規則；今天的商業世界，納指七雄正用算力、算法、大數據重寫經濟基本法。未來十年的「天下第一」不會是擁有最多工廠的企業，而是那些能將現實世界程式碼化、把生產力煉成數位內功的規則制定者——這場新華山論劍的戰鼓，才剛剛敲響。

# 蘋果稅帝國：
## 從 30% 抽成到萬億市值的標準壟斷術

當你在 iPhone 上花 68 港元購買《皇室戰爭》寶石時，有 20 港元正流向其 CEO 庫克的口袋——這不是魔法，而是蘋果公司精心設計的「數字海關」系統。從 App Store 抽成到 MFi 認證配件，這家科技巨頭用標準與專利編織出一張密不透風的「稅網」，讓全球開發者與消費者成為其「數字佃農」。揭開蘋果稅的運作黑箱，我們會發現一場持續 20 年的「制度套利遊戲」。

### 蘋果稅的雙重關卡：App Store 與支付系統

2008 年 App Store 上線時，30% 的「蘋果稅」被包裝成「平台維護費」。但隨著生態擴大，這套機制進化成精密收稅系統：

**1. 應用分發壟斷權**

- 所有 iOS 應用必須通過 App Store 審核，蘋果可隨時下架違規程式（如 2020 年封殺《要塞英雄》）

- 審核準則多達 157 頁，模糊條款賦予「最終解釋權」（如禁止 App 出現外部支付連結）

**2. 支付管道控制術**

- 強制使用 Apple Pay 或應用內購系統（IAP），否則無法通過審核

- 連數位內容閱讀器都需交「閱讀稅」：亞馬遜 Kindle 電子書若在 App 內購買，蘋果即抽成 30%

這套模式如同在數位世界重建中世紀「領主特權」——所有經過領地的商業行為，都需繳納過路費。2023 年 App Store 營收達 850 億美元，其中「蘋果稅」貢獻逾 250 億，相當於每天進賬 6,800 萬港元。

## 標準制定戰：從 Lightning 到 MFi 認證

蘋果的硬件控制術更顯霸道，其核心在於「強制認證 + 專利捆綁」：

### 1. 接口壟斷史

- Lightning 接口每條需內置認證芯片，配件商每顆芯片支付四美元授權費

- 歐盟強制改用 USB-C 後，蘋果在接頭內置認證 IC，非 MFi 認證線材仍限速

### 2. 生態隔離牆

- AirPlay 鏡像協議需支付設備售價 0.5% 的授權費

- 「Find My」網絡強制使用 Apple U1 芯片，第三方追蹤器需重新設計硬件

這種「標準稅」形成雙向收割：消費者被迫購買高價配件，廠商需為兼容性支付額外成本。MFi 認證市場規模已達 200 億美元，相當於每年從配件商口袋抽走 60 億「蘋果鑄幣稅」。

## 專利圍牆：從滑動解鎖到生物識別

蘋果的 21,000 項專利構成「技術護城河」，其中三項關鍵專利奠定其收稅基礎：

**1. 交互專利陷阱**

- 「滑動解鎖」專利（US8,046,721）曾讓安卓陣營支付數億和解金

- 「橡皮筋滾動效果」（彈性捲動）專利迫使競爭者修改 UI 設計

**2. 生物識別鎖**

- Face ID 的 3D 結構光技術專利，使安卓陣營至今無法完美複製

- Touch ID 的電容式指紋辨識專利，壟斷手機指紋解鎖技術 10 年

**3. 芯片級控制**

- A 系列處理器的神經引擎架構專利，構建 AI 應用生態壁壘

- T2 安全芯片專利，將第三方維修排除在硬件生態外

這些專利不僅阻擋競爭，更迫使開發者依賴蘋果技術框架。例如想使用 Face ID 登入的銀行 App，必須接受蘋果安全協議，無形中強化其生態控制。

## 反壟斷風暴下的稅制改革

蘋果的「數字封建體系」正遭遇全球圍剿：

### 1. 司法破城槌

- 美國 Epic Games 訴訟迫使蘋果開放第三方支付，但收取 27%「外部交易稅」
- 歐盟《數字市場法案》強制允許側載，蘋果改收「核心技術費」，每安裝一次收取 0.5 歐元

### 2. 替代支付實驗

- 韓國要求開放第三方支付，蘋果改用 26% 抽成加 4% 支付處理費的「韓國特製稅」
- 荷蘭約會 App 可外鏈支付，但需每月向蘋果繳納營業額 27% 的「監管合規費」

這些「改良稅制」揭露蘋果的底層邏輯：寧可設計更複雜的收費矩陣，絕不放棄生態控制權。就像 18 世紀英國徵收「窗戶稅」引發封窗潮，開發者正用網頁版應用、訂閱制轉移等對策規避蘋果稅。

## 數位封建制的未來

蘋果稅的本質，是一場「制度套利」——將技術標準轉化為徵稅工具，用專利構建排他性生態。這套模式正產生兩極效應：

## 創新悖論

- 正面：每年向開發者支付 400 億美元分成，催生 Spotify、Uber 等獨角獸

- 反面：30% 稅率壓縮中小開發者利潤，2023 年僅 2% 開發者年收入超百萬美元

## 消費者困境

- 便利性：App Store 過濾 99% 惡意軟件，支付體驗無縫銜接

- 隱性成本：最終轉嫁的「蘋果稅」使訂閱服務普遍比安卓貴 20 至 30%

當庫克在 WWDC 展示 Vision Pro 時，別忘記這款頭戴式顯示器的每筆虛擬商品交易，仍將被收取 30% 生態稅。蘋果帝國的真正野心，是將稅網從平面螢幕擴張到 3D 空間，在元宇宙重建更嚴密的「數字關境」。

香港開發者或許該從中領悟：在 Web3 與去中心化浪潮下，能否用區塊鏈技術構建「抗蘋果稅協議」？當下次你在 iPhone 上點擊「購買」時，不妨想想——這輕輕一觸，正維繫著人類史上最精密的數字稅收機器。

# 比特幣不滅定律 8
## 從華爾街 ETF 到 Z 世代的數位信仰

當美國證交會（SEC）在 2024 年批准首批比特幣現貨 ETF 時，華爾街沒料到這場金融實驗會演變成世代價值觀的對決——貝萊德的比特幣 ETF 上市首週吸金 45 億美元，其中 23% 買家竟是千禧世代。這不只是投資工具的創新，更是一場關於「數位原住民 vs 法幣舊秩序」的聖戰宣言。比特幣不會歸零的底層邏輯，正藏在 Z 世代的手機錢包與華爾街的金庫密碼中。

### ETF 金鐘罩：華爾街的「去風險化」煉金術

傳統金融體系給比特幣套上三重防護罩：

**1. 流動性護城河**

- 貝萊德 ETF 持倉量達 20 萬枚比特幣，相當於流通量 1%

- 日均交易量突破 18 億美元，超越 90% 美股個股

- 芝加哥商品交易所（CME）比特幣期貨未平倉合約達 120 億美元，對沖基金可完美避險

**2. 合規化濾鏡**

- 美國銀行開始接受比特幣抵押貸款，利率比傳統房貸低 1.5%

- 富達推出「401(k) 退休金比特幣配置」，企業可合法納入福利方案

- 會計準則更新：比特幣列入「無形資產」類別，稅務處理明確化

### 3. 價格穩定錨

- ETF 做市商每日需平衡現貨與期貨價差，波動率從 2017 年 8% 降至 2.3%
- 灰度基金（Grayscale）轉型 ETF 後，折價率從 -48% 逆轉為溢價 0.3%

這些改變讓比特幣從「暗網賭具」晉升為「數位黃金」，華爾街用傳統金融工具為其鑄造不滅金身。

## Z 世代信仰：從 GameFi 到數位身分

年輕世代對比特幣的信任，建立在三個不可逆的數位化進程：

### 1. 虛擬經濟內需

- 全球遊戲玩家達 32 億，GameFi 玩家願將 20% 遊戲資產轉為比特幣
- Roblox 開發者用比特幣支付跨國協作薪資，手續費比 PayPal 低 97%

### 2. 數位身分革命

- 新加坡試行「比特幣錢包綁定公民身分」，取代實體身份證
- 加州大學用比特幣區塊鏈存儲學位證書，防偽成本降至 0 美元

### 3. 通脹記憶缺失

- 千禧世代經歷 2008 金融危機 +2020 無限 QE，對法幣信任度僅 31%

- 阿根廷青年用比特幣儲蓄比例達 43%，遠超美元定存

當父母輩還在計算定存利率，Z 世代已在 Discord 討論「比特幣減半行情」，這不是投機狂熱，而是數位原住民的生存本能。

## 技術不滅性：從密碼學到能源綁定

比特幣的物理基礎構成終極防線：

**1. 數學暴政**

- 私鑰組合可能性達 $2^{256}$，超過宇宙原子總數（$10^{80}$）
- 全網算力突破 500 EH/s，駭客攻擊成本需逾千億美元

**2. 能源貨幣化**

- 比特幣礦場吸收全球 1.3% 棄風棄電，成為綠能基建投資者
- 哈薩克將油田伴生氣用於挖礦，年減碳量等於種植 140 萬棵樹

**3. 節點網絡效應**

- 全球運行中全節點達 5.2 萬個，超越 Visa 支付終端密度
- 閃電網絡支付速度達每秒 100 萬筆，成本僅 0.0001 美元

這些特性讓比特幣成為人類史上首個「不可撤銷的數位事實」，即使各國政府聯手打壓，也需付出癱瘓全球電網的代價。

## 香港突圍戰：從監管窪地到 Web3 樞紐

面對比特幣不可逆的全球化，香港應把握三大戰略：

1. **合規紅利收割**

- 發行亞洲首支比特幣抵押房貸 REITs，利率較傳統產品低 2%
- 允許強積金配置比特幣 ETF，吸引年輕世代參保

2. **基建卡位戰**

- 在北部都會區建「零碳礦場」，吸收大灣區棄電
- 推出「數位港元－比特幣」即時兌換走廊，手續費壓至 0.1%

3. **人才信仰培育**

- 中學必修「區塊鏈公民課」，教導私鑰管理與智能合約
- 數碼港培育「比特幣退休方案」新創，對接東南亞六億年輕人口

## 從法幣黃昏到數位晨星

當美國 30 年期國債收益率突破 5%，日本央行堅守負利率政策，全球法幣體系正陷入「信任通縮」。比特幣的 2,100 萬枚總量限制，恰似數位時代的諾亞方舟——Z 世代用它對抗無限印鈔，華爾街藉它重獲增長故事，開發者視其為 Web3 文明的基石。

這不是投機泡沫的延續，而是人類首次用數學取代央行，用代碼終結通脹。下次當你在茶餐廳聽見中學生討論「閃電網絡手續費」，不必驚訝。因為在這場持續 15 年的社會實驗裡，真正的奇蹟不是比特幣漲到 10 萬美元，而是全球年輕人竟在金融廢墟中，用分布式帳本重建信任。

# 香港代幣化革命：虛擬資產牌照能否開啟經濟新賽道？

2023 年 6 月，香港中環一家畫廊將徐悲鴻水墨畫切割成 1000 枚代幣，30 秒內被全球投資者搶購一空。這不是科幻情節，而是香港首宗受監管的藝術品代幣化交易。隨著證監會正式發放虛擬資產交易平台牌照，這座國際金融中心正試圖將「代幣經濟」從加密貨幣賭場，升級為實體經濟的變革引擎。但這條新賽道真能成為香港的增長突破口嗎？

## 牌照背後的戰略轉向：從防堵到疏通的監管革命

過去五年，香港對虛擬資產的態度經歷戲劇性轉折。2017 年 ICO（首次代幣發行）狂潮中，證監會嚴厲警告「所有交易平台皆非法」；到了 2023 年，卻主動頒發牌照給 OSL、HashKey 等合規平台。政策急轉彎的底層邏輯，是看準「代幣化」（Tokenization）技術從投機工具進化為生產工具的質變。

傳統資產代幣化的核心在於「流動性爆破」。以房地產為例，一棟價值 10 億的商廈若切割成一億枚代幣，每枚 10 元即可交易，這讓小額投資者能參與頂級資產配置。根據波士頓諮詢報告，全球代幣化資產規模將在 2030 年達到 16 兆美元，而香港正試圖用牌照制度搶佔監管紅利——如同當年以滬港通框架吃盡中國金融開放紅利。

## 超越加密貨幣：代幣化的四大落地場景

1. 金融資產的「微粒化革命」：香港家族辦公室近年熱衷將私募基金代幣化。2024 年初，某歐洲私募股權基金將五億美元資產包裝成代幣，透過香港平台向合格投資者分銷，最低認購門檻從 100 萬美元降至一萬美元。這種「金融民主化」不僅擴大投資者基數，更讓資產持有者能實時交易份額，打破傳統私募基金七至十年的鎖定期限制。

2. 碳權交易的破局關鍵：香港交易所 2024 年推出亞洲首個代幣化碳權交易平台。企業可將減碳成果轉為代幣，每枚代表一噸二氧化碳當量。紡織廠購買代幣抵消碳足跡，同時吸引 ESG 基金投資碳權資產包，解決傳統碳交易市場流動性不足的痛點。

3. 破解中小企融資死結：香港餐飲集團「鏞記」2023 年將中環老店未來 10 年營業收入代幣化，向食客發行「美食債券」。持有者每年獲 6% 分紅，並可憑代幣兌換燒鵝套餐。這種「粉絲經濟融資」模式，讓中小企業繞過銀行信貸緊縮，直接將客戶轉化為投資者。

4. 文創產業的 IP 變現實驗：香港漫畫《風雲》將經典角色「步驚雲」的數位版權代幣化，持有者可分享電影改編收益。這種「IP 碎片化投資」在韓國已驗證成功，K-pop 團體 BTS 母公司 HYBE 便透過代幣發行籌集 1.5 億美元，用於全球巡演製作。

## 冷思考：代幣化的香港障礙賽

監管與創新的蹺蹺板困境：新加坡允許代幣化基金向散戶開放，香港卻限於專業投資者。過度保守可能重演「數碼港錯失 Web2 機遇」的歷史。但若放寬太快，又恐重蹈 JPEX 詐騙案覆轍——2023 年無牌平台捲走 16 億港元，暴露出技術與法規的認知落差。

流動性幻覺的風險：代幣化不等於高流動性。2024 年某香港房企發行寫字樓代幣後，日均交易量僅 0.5% 發行量，多數買家視為長期收息工具。若次級市場無法活躍，代幣化反而會增加資產持有者的管理成本。

傳統金融勢力的隱形抵抗：香港銀行體系對代幣化資產仍持審慎態度。企業用商廈代幣融資時，多數銀行拒絕將其列為抵押品，寧可接受實物房產。這種「數位歧視」源於區塊鏈資產確權、估價、清算等環節缺乏標準化框架。

## 香港的突圍方程式：三層生態系建設

1. 底層基礎建設：打通合規「最後一公里」，借鏡瑞士「DLT法案」，將代幣化資產明確定義為「登記式證券」，解決現行《公司條例》與區塊鏈記帳的衝突。金管局正測試的「數位港元」，可作為代幣交易的法定結算工具，避免 USDT 等穩定幣的合規風險。

2. 中間應用場景：錨定「香港獨有資產」，發揮國際藝術品拍賣中心優勢，建立亞洲首個受保稅政策支持的「數位藝術倉儲」。藏家可將實體畫作存放香港，同時發行代幣全球交易。此模式既能避開新加坡缺乏實體文化資產的短板，又能創造新型離岸服務需求。

3. 頂層戰略定位：做中國與世界的「代幣轉換器」，當內地禁止虛擬資產交易時，香港可發展人民幣計價的合規代幣產品。例如將大灣區基建項目收益權代幣化，供國際投資者用離岸人民幣購買，既服務國家戰略，又強化國際金融樞紐功能。

如今代幣化浪潮來襲，真正的考驗不在技術應用，而在能否擺脱「牌照依賴症」，將監管優勢轉化為生態系創造力。當東京、新加坡還在爭論代幣化的風險時，香港需要的是一場「合規框架下的破壞式創新」，讓每棟寫字樓、每幅藝術品，甚至每碗雲吞麵，都能在區塊鏈上找到新的價值方程式。

前任元宇證券行政總裁兼董事，並作為持有已升級虛擬資產的第1、2、4、5、9類證監會牌照的負責人員 OMO/RO。元宇證券為玖富集團（NASDAQ：JFU）旗下子公司，此前於 2018 年 10 月已經出任玖富國際董事總經理，負責為集團申請各種金融牌照：包括香港、新加坡、立陶宛和中國的虛擬銀行牌照；在香港和東南亞地區「科技賦能」輸出人工智慧和大數據風控平台；及拓展海外金融機構合作夥伴。2019 年 10 月，再被委任為玖富的子公司：利基環球金融科技的總經理，負責在歐盟地區申請電子貨幣機構（EMI）牌照以及開展業務和運營。2020 年亞洲金融科技師學會將其評選為「年度領袖人物（Leader of the Year）」。

# 《施政報告》推進香港
## 發展成為國際「新金融」中心

隨著全球金融市場的持續變化與科技的快速發展，香港作為國際金融中心不斷面臨挑戰與機遇。香港特區政府在 2024 年的《施政報告》中，明確提出了一系列政策方向，包括推動金融科技創新，鞏固和提升香港國際金融中心的地位。本文以《施政報告》為起點，討論香港如何通過虛擬資產、數碼貨幣、資產代幣化等新金融創新，進一步透過香港的獨特優勢，提出具體建議來鞏固推動香港的國際「新金融」中心地位。

### 香港的獨特優勢：法律、語言與政策

香港作為全球第三大國際金融中心，擁有其他金融中心難以模仿的獨特優勢。首先，香港的法律制度基於普通法，並且英文作為官方語言之一，這使其在國際金融交易、爭議解決及跨國資本流動中具有明顯優勢。相比於上海和深圳這些新興金融中心，香港的制度與語言環境更加開放，特別是在處理國際投資者的法律事務及合同中，香港能夠提供更透明且具國際標準的法律保障。

同時，香港在金融科技政策上的靈活性和前瞻性，也在虛擬資產領域具有較大的發展空間。《施政報告》中強調，香港將積極推動央行數碼貨幣（CBDC）、移動支付、虛擬銀行、虛擬保險及虛擬資產交易等新金融。相比於東京這類更多依賴傳統金融的城市，香港的政策更加開放前瞻，能夠迅速適應新金融的科技潮流。

## 擴展虛擬資產與數碼貨幣的政策優勢

《施政報告》中明確指出，香港將大力推動虛擬資產（Virtual Assets）的發展，並在 2024 年底前向立法會提交條例草案，為法幣穩定幣（Stablecoins）建立發牌制度。同時，政府計劃在 2025 年完成對虛擬資產場外交易的第二輪公眾諮詢，並提交關於虛擬資產托管服務提供者的發牌制度。這些項目指標將為香港的虛擬資產市場，帶來更高的透明度和更完善的監管體系，進一步吸引國際投資者。

相比於上海和深圳，香港的金融監管體系更靈活，並且能夠迅速適應虛擬資產市場的變化。上海和深圳的金融市場雖然規模大，但在虛擬資產監管和政策開放度方面相對保守，而香港則在這一領域能夠提供更加開放的環境，吸引全球虛擬資產交易平台和投資者。

## 推動香港成為國際新金融中心

在《施政報告》的指引下，香港有望在未來幾年內達到金融科技領先地位，並成為全球虛擬資產市場的樞紐。筆者建議香港政府採取以下具體措施，加快推動這一目標：

### 1. 設立專項補貼基金，推動虛擬資產教育與培訓

要確保香港的金融從業者能夠快速適應虛擬資產市場的需求，政府應設立專項補貼基金，為金融業從業員提供再培訓機會。這些培訓應涵蓋虛擬資產的基本知識、風險管理、技術運用等內容，確保從業者具備必要的技能應對虛擬資產市場的發展。

此外，應針對中小型金融機構提供補貼，協助它們升級交易系統，以便支持虛擬資產交易。這對於中小型券商和金融機

構尤為重要，因為它們在技術升級方面可能面臨資金短缺的問題。通過政府的資助，這些機構將能夠更快融入虛擬資產市場，並擴展其業務範圍。

### 2. 加強市民虛擬資產教育，防範金融欺詐

隨著虛擬資產市場的快速發展，市民對虛擬資產的認識也需要同步提升。政府應加強虛擬資產相關的宣傳和教育，特別是針對市民大眾，普及虛擬資產的基本概念、投資風險以及如何防範金融欺詐。這不僅能夠提高市民對虛擬資產的認識和興趣，還能有效降低因信息不對稱所導致的金融欺詐案件。

### 3. 推動國際宣傳，吸引全球投資者

香港應更積極地在國際市場上推廣虛擬資產和在金融科技領域的優勢。政府可以通過國際金融論壇、投資峰會等平台，展示香港的政策優勢和市場機遇，從而吸引更多國際投資者，將資金投入配置到香港的虛擬資產市場。同時，香港也可以引入更多國際虛擬資產交易所和金融科技公司，建立合作，進一步鞏固其作為全球虛擬資產交易樞紐的地位。

### 4. 加強監管體系，確保市場健康發展

《施政報告》中提到，香港會在 2024 年底前為法幣穩定幣發行人設立發牌制度，並在 2025 年完成對虛擬資產場外交易的規管。監管制度將為虛擬資產市場的長期穩定發展提供重要保障，建議香港進一步完善虛擬資產的監管框架，確保市場參與者能夠在透明、公開、公平的環境下進行交易，防範潛在的金融風險。

香港有機會通過推動虛擬資產、數碼貨幣、資產代幣化等新金融創新，進一步鞏固國際金融中心的地位。憑藉獨特的法

律優勢、語言環境以及開放的金融政策，香港能夠在全球金融市場中脱穎而出，並成為新金融領域的領頭。未來幾年，隨著《施政報告》中政策的逐步落實，香港將迎來更多國際資本的青睞，有機會成為全球虛擬資產和金融科技市場的核心樞紐。

# 國內遊戲商遭《意見稿》震盪

## 香港 Web3.0 產業和創意產業助轉型

2023 年聖誕節假期前最後一個交易日，也是農曆冬至之日，證券業其中一個工會內部舉行有獎競猜遊戲，競猜當日恒指交易額。根據之前兩星期的交易額和臨近假期的影響，大部份會員都競猜在 600 至 700 億的區間上下。誰也沒有估到，當日的港股交易額竟然在下午開市後暴增至 1,400 多億，恒生指數亦下跌超過 280 點。

其中一個原因，是當日 12 月 22 號中午，國家新聞出版署出乎意料發布《網絡遊戲管理辦法（草案徵求意見稿）》（簡稱《意見稿》），該《意見稿》的原意是為了保護和促進遊戲業界的可持續發展，與及保護未成年人與遊戲玩家的利益。其中《意見稿》中的第十七條、第十八條表示：

- 網絡遊戲不得設置每日登錄、首次充值、連續充值等誘導性獎勵。

- 網絡遊戲出版經營單位不得以炒作、拍賣等形式提供或縱容虛擬道具高價交易行為。

這些都是針對部份遊戲廠商短視的課金、炒賣等盈利行為，建議于以整改。

但是，資本市場卻是短視的，只着眼短期現金流水利益受損，以騰訊和網易等遊戲龍頭廠商股票帶頭領跌。投資者未能看到遊戲廠商必須改變現在簡單粗暴的課金獲利模式，轉型以創意、內容、IP 主導來吸引遊戲玩家的可持續發展，才能讓遊戲業界更壯大，走得更遠。

香港在這裏正好發揮本身的優勢和政策，推動協助遊戲廠商轉型去更高質素的產業模式。自 2022 年 10 月底，香港政府已經宣布致力推動 Web3.0 行業發展。其中在遊戲業界，眾多的國外遊戲龍頭，包括 SEGA、Square Enix、Electronics Art、Ubisoft 等等都已紛紛投入 Web 3.0 遊戲的賽道。Web3.0 遊戲是開發基於區塊鏈網路、虛擬資產和 NFT 的新遊戲，且類型非常多元，包含射擊、手遊以及多人參與的元宇宙等。甚至有更加創新形式，例如在 2021 年年底面世「邊跑邊賺」（Move to Earn）的 Web3.0 手機遊戲《STEPN》，以及更早前曾經掀起的「邊玩邊賺」（Play to earn）熱潮的怪獸育成遊戲《Axie Infinity》。香港作為主力推動 Web 3.0 發展的亞洲樞紐，可以幫助更多遊戲廠商從傳統的 Web 2.0 遊戲轉型到 Web 3.0 遊戲的開發，事實上香港已經有不少本地遊戲工作室集中開發 Web3.0 遊戲，收入模式以經營社群為主，凝聚社群，遊戲便會在社群裏自動演化，更能增加遊戲的韌性，對抗炒賣，從而賦加價值，支撐需求。相比傳統簡單野蠻的課金模式更可持續地發展。

香港另外一個重要的經濟動力是創意產業，香港在主要創意產業領域都具有優勢，包括電影、電視、音樂、設計、建築、廣告、動漫、遊戲和數碼娛樂，以及出版與印刷等，屢獲國際殊榮。遊戲業界要向更高質量發展，其中一條路徑可以轉化中國著名傳統 IP，或者開發自己的 IP，從而發展周邊商品，以至跨界到影視動漫作品。國外著名的遊戲廠商，例如日本的「光榮」，其基於中國三國歷史改編的《三國志》遊戲，自 1985 年首代在 PC 平台推出以來，截至 2020 年已經發行了 14 部本傳作品，也是史上最長壽的遊戲系列之一。另外如暴雪的《魔獸》（Warcraft），微軟的《光環》（Halo），Square Enix 的《Final Fantasy》，除了自成系列，亦延伸出影視動漫作品，以及一系列的周邊產品，為遊戲商創造收益。香港一向有非常豐富的創意經驗和傳統，例如周星馳就曾經將《西遊記》翻拍成四部獨特的電影，另外也有大量的經典港產影視作品基於金庸武俠小説。香港的創意產業可以幫助國內遊戲商開發著名傳統 IP，包括《三國演義》、《西遊記》、《水滸傳》、《紅樓夢》四大名著，以及金庸、古龍、梁羽生、溫瑞安的四大武俠小説家作品，當然還有倪匡的經典科幻著作，以及一大堆港產的經典 IP。這樣更能幫助遊戲廠商擺脱單靠課金、炒賣的獲利模式，轉移升級經營創意 IP 與及周邊產品的高質量和可持續發展模式。

總的來看，今次《意見稿》可能對遊戲廠商短時間構成一定的業務收入壓力，但長遠可以倒迫整體行業作產業升級， 朝高質量和可持續發展的方向邁進，香港的 Web3.0 產業和創意產業正正可以幫助國內遊戲廠商在這轉型的路途上奮力邁進。

# 加密貨幣找換店應由誰監管？

2023 年，無牌虛擬交易平台 JPEX 爆雷事件，根據報道涉及的損失款項達到港幣 16 億元，至今未有聽聞抓到幕後主謀，最初拘捕的都是網紅 KOL 和 OTC 場外找換店，他們都是幫 JPEX 做推廣宣傳，並且作為投資者入金到非法平台的渠道。所以當初事件曝光以後，市場上普遍的聲音，都圍繞應由哪個機構監管，以及怎樣監管這些 OTC 場外找換店。

自從證監會 2019 年開始監管虛擬資產，開始主要是監管虛擬資產的投資活動，例如交易所、資產管理、經紀交易、銷售投資產品等等，但是在整個虛擬資產的生態鏈上，還有很多其他的活動，例如挖礦、托管、抵押借貸、DeFi、OTC 等場外交易，以至加密貨幣提款機，這些都變成合法和非法中間的灰色地帶。

由 2023 年開始，見到政府開始填補這些空白的地帶，包括金管局提出穩定幣監管框架的公眾諮詢，以致近日金管局發出的銀行指引，包括非證券的代幣交易和虛擬資產托管。然後在 2024 年 2 月初，政府終於宣布公眾諮詢 OTC 場外交易的監管辦法。

當香港的虛擬資產監管框架正逐步形成，而 OTC（Over-the-Counter）場外交易的監管則仍需補完。OTC 場外交易的特殊性在於其非中心化，不在也不同於中心化交易所的運作模式。這些交易可以是大宗的加密貨幣買賣（Block Trade）、期權、衍生品交易等等，因為不經過公開市場，所以更難以監控。今次的公眾諮詢，主要是針對 OTC 場外找換店的交易活動，前面提及的場外交易，並不包括在今次立法規管範圍之內。現時在這些 OTC 場外找換店舖，KYC（了解你的客戶）和 AML（反洗錢）的監管措施往往缺失，這就產生非法活動的風險。

香港政府對於虛擬資產的政策，一直宣布的原則就是「相同業務、相同風險、相同規則」，所以對於虛擬資產生態上的不同環節，變成由不同的監管機構監管，例如屬於投資類別的虛擬資產和代幣化證券，就由證監會用證券條例和反洗錢條例去監管；比較偏向於支付屬性的穩定幣，就由金管局將會制定的穩定幣法例框架去監管；OTC 場外找換店就當作跟貨幣找換屬「相同業務」，所以在政府最近的諮詢文件中，建議由海關關長，按照金錢服務經營者（Money Services Operator, MSO）牌照框架之下關於「金錢」的定義，草擬法例規管虛擬資產轉換金錢的業務。

根據建議立法的諮詢文件，規管的業務範圍主要針對虛擬資產和「金錢」之間的轉換，可以看成是虛擬資產和現實世界資產的找換，被規管的包括：線下的實體店和線上的交易平台，而實體店包括街舖和樓上舖，還有安裝在樓梯角落的加密貨幣提款機。根據政府文件，實體找換店約有 200 間，線上找換店則超過 250 間。根據一般慣例，實際數量通常遠超官方數字。

香港是一個自由開放的市場，所謂「殺頭生意有人做」，香港有這麼多加密貨幣找換店，肯定有利可圖。最直接的收入在買賣差價，通常一般的規律是，愈是方便的渠道就愈貴，愈是難以操作的平台就愈便宜。所以在找換店，甚至是提款機買入賣出加密貨幣的價錢，跟網上交易平台，甚至主鏈上的價格有一定差距，這就是找換店中間商的收入來源。另外一個收入來源，就是替交易平台，尤其是無牌交易平台，宣傳推廣和引流客戶，之前在 JPEX 事件中被拘捕的網紅和找換店職員，正是屬於這一類業務模式。所以加密貨幣找換店的監管重點，是不是應該更偏向於「投資者保護」？

根據現在的諮詢文件，建議的虛擬資產 OTC 場外交易立法，筆者見到有三個方面的挑戰：

一、多重牌照監管：根據政府立法諮詢文件，建議由海關關長監管虛擬資產 OTC 場外找換，這是基於「相同業務」的原則，因為在香港找換店是由海關監管。但是如果考慮一般的虛擬資產投資過程，通常投資者首先將貨幣換成穩定幣，再用穩定幣在交易平台上買賣加密貨幣。根據香港現在的虛擬資產監管方向，虛擬資產交易由證監會發牌監管，穩定幣則由金管局發牌監管，然後虛擬資產找換由海關發牌監管。雖然為免重複監管，諮詢文件也有提出豁免，包括虛擬資產交易平台、證監會規管的持牌法團，和金管局規管的認可機構；但是三套牌照監管架構，而虛擬資產行業發展又一日千里，容易在不同監管框架之間產生衝突，或者出現三不管地帶，甚至被人利用監管套利。

二、人才稀缺：虛擬資產行業作為新興行業，人才稀缺本來就是痛點。業界如此，監管系統的問題只有更嚴重。就算以最早開始監管虛擬資產的證監會為例，負責相關發牌和監管的部門長期缺人，連最基本的經紀牌照升級虛擬資產交易申請，也所費經年。對於不屬於傳統金融監管機構的海關，相關人才和資源的短缺將會是一個問題。海關原本已經要監管超過 1,000 多間傳統找換店，即使到時只有一半的虛擬資產 OTC 場外找換商申請牌照，海關仍然要面對額外超過 100 多間經營虛擬資產的找換店，有沒有足夠人力和資源去處理將會是一個問號。

三、執法難度：一個成功的監管制度，必須能夠有效執法。相對於實體店鋪，更多的虛擬資產 OTC 場外找換商是以網上平台的形式營業。網上世界沒有國界，而且營運的主體可能在海外，加上如果沒有在地宣傳推廣，例如只在社交平台做病毒式營銷，即使他們向香港市民提供服務，香港政府也很難有長臂般的管轄權去監管。所以更重要的，反而是提供更多誘因使網上平台來申請牌照，同時亦教育市民和投資者，使用有牌營運商的重要性。

分業監管，當然有其歷史背景和優勢，但是超級監管機構，例如新加坡的 MAS，一個明顯好處是法規的一致性和監管的效率。在面對例如虛擬資產這一類新興行業，是不是統一監管會有更大的好處？當然現行的每個監管機構，對「相同業務」更熟悉，但從高一個層次去看，單一監管可以避免法規的矛盾，和被人從不同法規中間套利的可能。

始終，監管是一門藝術，需要平衡創新與安全，好使香港利用虛擬資產這次機會，鞏固國際金融中心的地位。當然，監管的實施不會一帆風順。過於嚴格的法規可能會抑制市場活力，導致資本和人才流失，去更寬鬆的司法管轄區。而太過寬鬆的法規，會導致野蠻生長，弱肉強食，縱容不良分子或做法，甚至最終引致爆雷。此外，隨著技術的不斷進步，監管機構仍需要不斷更新政策，以應對新的挑戰和機遇。

陳穎峯

# 香港穩定幣：能夠穩定發展嗎？

2024 年，香港政府在 12 月中刊憲公布《穩定幣條例草案》，加上市場的一些發展動向，香港在 Web3 虛擬資產市場邁出了全新的一步。這些動向不僅體現了香港政府推動新金融的決心，更為香港金融科技的未來發展奠定更穩固的基礎。

新的條例草案在監管框架上有所突破，相對之前的諮詢文件，最重要的變化是將資本要求固定在 2,500 萬港元，取消了與流通量掛鈎的要求。這項改動很有戰略意義：不僅降低了市場競爭門檻，讓中小企甚至初創更容易預算和融資，不用擔心業務擴張帶來巨大的資本壓力，更重要的是能夠吸引更多創新企業入場，加強市場競爭，同時又有合理的資本要求確保發行人具備足夠實力，做到風險管理的目的。

此外，草案也體現了更務實的做法，提升運營靈活性。包括將贖回時限從「一個工作天內」，改為「在切實可行的範圍內盡快兌現」，雖然增加了不確定性，但也給予了運營商更大的操作空間。這種靈活性的提升，幫助運營商根據實際情況作出更合理的安排。

在市場實踐方面，金融科技公司 IDA 宣布，與東亞銀行的合作提供了一個重要的案例。這次合作不只示範穩定幣在支付創新方面的潛力，更重要的是建立了傳統銀行與金融科技公司合作的新模式。通過與本地支付網絡的緊密配合，希望能夠探索更高效的支付解決方案，同時在符合監管要求的前提下推動創新，為未來發展提供了良好範本。

對於監管機構而言，當務之急是要提供更明確的指引。這包括為「盡快兌現」制定具體的時間要求，明確規定「合資格儲備資產」的範圍，以及制定新加入的「穩定幣經理」一職的具體職責要求。同時，建立定期與業界對話的平台和快速響應機制，也是確保監管效能的關鍵。

從市場參與者的角度，則需要著重做好風險管理工作。包括購買適當的網絡風險保險、建立完善的內部控制系統、定期進行安全審計等工作，都是不可或缺。在業務發展方面，包括積極探索創新應用場景、與傳統金融機構建立合作關係、投資技術研發和人才培養，也同樣重要。

整個穩定幣生態系統的建設，同樣不能忽視。可以做的包括:建立行業自律準則、制定技術標準、推動跨機構合作機制等，都需要業界持續推進。在人才培養方面，例如：加強相關專業培訓、建立人才認證體系、促進產學研合作等，都需要各方提早規劃和實施。

穩定幣是數字金融領域的重要基礎建設，優勢在於結合了區塊鏈技術的高效性，與法定貨幣的穩定性和可信性，為支付、結算和金融創新提供了大量可能。香港政府在穩定幣監管與應用試驗上，應該首要為行業開拓新的發展空間，也為香港鞏固金融科技領先地位奠定基礎。

展望未來，香港穩定幣市場的發展前景令人期待。預計可能有更多中小型機構入場，創新應用場景會不斷湧現，特別是在跨境支付方面可能出現重大突破。在技術層面，基礎設施將需要完善，安全性能也要進一步提升，用戶體驗希望會持續優化。更重要的是，傳統金融與新金融的融合進一步加深，跨機構合作更普遍，整體市場規模有望穩步擴大。

樂見香港的穩定幣新條例，展現了務實而前瞻的監管思維，既有為創新預留了空間，又確保了必要的風險監管要求。通過政府、市場參與者和整個生態系統的共同努力，香港有條件在全球虛擬資產領域佔據更重要的位置。關鍵是要及時把握現時市場機遇，在確保安全的前提下大膽創新，推動香港金融科技的持續發展，鞏固香港作為國際金融中心的地位。

穩定幣的發展是一場長途的馬拉松，而非短跑。香港需要在監管、創新與風險管理之間找到最好的平衡點，才能在全球競爭中脱穎而出。對於金融機構、科技公司和政府監管而言，這是挑戰，也是機遇。只有各方攜手合作，香港才能真正實現數字金融的變革性發展。

# 香港穩定幣監管與沙盒測試：香港有應用場境嗎？

2024 年 7 月中，財經事務及庫務局和金管局在短短幾天內頻密發布了關於穩定幣的重要消息。首先，金管局公布了穩定幣發行人發牌諮詢的結果，隨後也宣布了三間第一批進入穩定幣沙盒的公司。這些消息標誌著香港在虛擬貨幣領域邁出了重要一步，為未來的金融創新和領先打下了基礎。

## 穩定幣的定義與分類

穩定幣是虛擬貨幣的一種，其價值通常錨定某種法定貨幣。今天全球流通量和市值最大的穩定幣，是錨定美元的 USDT 和 USDC。根據不同的儲備資產，穩定幣可以分為四大類：

1. 法幣穩定幣，由法定貨幣儲備支持，如 USDT 和 USDC。
2. 加密貨幣擔保穩定幣，由其他加密貨幣作為儲備支持，如 DAI。
3. 商品穩定幣，由實物商品作為儲備支持，如黃金。
4. 演算法穩定幣，通過演算法來維持穩定幣的價格穩定，如 AMPL。

這次金管局將會發牌的正是法幣穩定幣。這些牌照將容許申請者在香港發行穩定幣，或發行以港幣為基礎的穩定幣。

## 穩定幣發行人的發牌制度

根據財經事務及庫務局和金管局的諮詢總結，未來希望在香港發行穩定幣的機構必須獲得金管局的發牌。這些發行人需要符合一系列要求，包括是香港實體公司，發行人必須在香港註冊並運營、發行人的高層管理人員必須常駐香港、百分百儲備資產，流通中的穩定幣在任何時候，都必須有等值的儲備資產支持等等。這些規定旨在保障穩定幣用戶的權益，並確保穩定幣市場的健康發展。

## 頭三間進入穩定幣沙盒的公司

在這次公布的穩定幣沙盒測試計劃中，首批三間公司獲准進入穩定幣發行人沙盒。這些公司將按所提交的建議書，針對不同的應用場景進行測試。

第一家京東幣鏈科技，是京東集團旗下的一家科技公司。京東除了電商平台外，京東快遞業務也佔有非常重要的比重。京東幣鏈科技的穩定幣測試，應該會聚焦在自家的電商生態圈和供應鏈管理上。在電商生態圈當中，穩定幣可以用於京東的電商平台上，為用戶提供更便捷的支付方式，降低商戶的交易成本。至於供應鏈管理，可以通過穩定幣進行支付和結算，期望提高供應鏈的透明度和效率，減少交易中的摩擦。

第二家圓幣創新科技，現有業務聚焦在跨境支付領域。圓幣提出的穩定幣測試，將涵蓋數字資產交易、跨境貿易支付等多種應用場景。在數字資產交易當中，穩定幣可以作為數字資產交易中的中介貨幣，提供穩定的價值儲存和交易媒介。在跨境貿易支付領域，穩定幣可以提高支付的速度和安全性，降低匯率波動帶來的風險。

第三家渣打、安擬集團（Animoca Brands）及香港電訊之聯營集團，渣打銀行作為發鈔銀行，而香港電訊擁有非常大的用戶群體，該聯營集團提出將探索穩定幣在金融及支付市場中的應用。金融服務是渣打銀行的本業，可以利用穩定幣提供各種金融服務，如貸款、投資等，以降低營運成本，提升時間效率。至於在支付市場，香港電訊可以利用其龐大的用戶基礎，將穩定幣應用於日常支付中，如手機買賣、月費支付、繳費等，方便本身的用戶使用。

此外，還有一批潛在的市場參與者，根據金管局之前總共收到超過 30 機構查詢，可見除了首批進入沙盒的三間公司，市場上還有許多其他企業，對發行穩定幣表現出濃厚的興趣。例如，虛擬資產交易所和金融服務公司意博金融等，都曾經表示有興趣成為未來的參與者。他們的應用場景可能包括虛擬貨幣交易結算、結合傳統的金融投資產品等。

## 穩定幣對香港金融市場的影響

穩定幣的引入監管，不僅有助於提升香港金融市場的透明度和安全性，也有助於推動金融創新和市場增長。通過穩定幣，企業和消費者可以享受到更高效、更低成本的金融服務，這將有力地提升香港作為國際金融中心的競爭力。

穩定幣的監管和測試計劃，無疑是香港金融市場的一個重要里程碑。這不僅顯示了政府推動發展金融科技創新，也表明了香港需要在全球金融市場中的保持領先地位。然而，穩定幣的引入和普及也面臨諸多挑戰，例如如何確保儲備資產的透明度和安全性，以及如何防止洗黑錢和進行非法活動等。

總體而言，穩定幣的監管制度和沙盒測試計劃，將為香港在金融科技創新提供了強有力的支持。隨著更多本地公司進入這一領域，有理由相信，香港將在全球穩定幣市場，以致虛擬資產市場，甚至 Web3 領域中，扮演愈來愈重要的角色。

# Sony 進軍 Web3 和加密貨幣交易所

陳穎峯

提到日本索尼公司（Sony），多數人第一時間會聯想到其高品質的電子產品。想當年的 Walkman、MD、Beta 錄影帶、Blu-ray 藍光影碟，到電視機、手提電話、筆記本電腦，Sony 一直是技術創新的代名詞。90 年代初，Sony 透過收購合併，大力發展影視娛樂事業，如收購哥倫比亞電影公司及美高梅電影公司，使 Sony 成為世界第一大的電影公司，旗下最出名的當屬《蜘蛛俠》系列及其衍生電影作品。此外，Sony 的遊戲機業務亦不容忽視，自 1994 年推出第一款遊戲機 PlayStation 至今，已經推出到第五代的 PlayStation 5，更推出過手提版的 PlayStation，並製作多類自家的電玩遊戲。

如今，Sony 集團除了電子、遊戲、娛樂三大重點產業之外，更踏足 Web3 和加密貨幣業務。在 2023 年 4 月，Sony 集團透過子公司收購了新加坡 Amber Group 的日本子公司 Amber Japan，收購項目中包括日本加密貨幣交易所 WhaleFin。最近（2024 年）的 7 月，Sony 宣布將 Amber Japan 更名為 S.BLOX，並計劃重新改造 WhaleFin 的用戶介面和服務，推出更簡單、易用的應用程式，並增加交易所支持的幣種。

這次改造的重點在於提升整體服務和用戶介面設計，目的是吸引更多用戶使用 WhaleFin 平台。通過與 Sony 集團內部各業務的合作，WhaleFin 將創造出新的加密貨幣交易價值，這對於加密貨幣市場來說，是一個重要的增值服務。

## Sony 的 Web3 布局

除了重啟交易所之外，Sony 集團一直積極擴展它的 Web3 領域業務。2023 年，Sony 與 Web3 公司 Startale Labs 成立合資公司，共同開發 Sony 區塊鏈 Sony Chain，目標是建立一個最多人使用的公共區塊鏈，讓更多 Web3 以外的人可以進入區塊鏈領域。Startale Labs 創辦人暨 CEO 渡邊壯太 7 月初就在 X 上透露，Sony 的新加密貨幣交易所將會由 Startale 的一位外部董事領導。

此外，Sony 還為它的「超級同質化代幣（Super-fungible Tokens）」申請了一項專利，這是一個能夠跨遊戲平台使用與交易的 NFT 系統。這意味著 Sony 將加密貨幣和 NFT 技術，與遊戲和娛樂業務進一步結合，為用戶提供更多元化的數字資產管理方式。

## 與 Polygon 的合作穩定幣試驗

在 2024 年 1 月的 CES 展會上，Sony 展示了「相片數碼出生紙」，概念類似於 NFT，利用相機內置的數碼技術來驗證內容的來源。今年 4 月，Sony 與 Polygon 合作，試行一種與法定貨幣掛鉤的穩定幣，目標是整合到 Sony 的遊戲知識產權中。根據報道，這次穩定幣試驗涉及發行與日元掛鈎，並在 Polygon 區塊鏈上運行。試驗預計持續幾個月，探討與日元掛鈎的穩定幣在轉賬和使用的潛在法律影響。為了這項試驗，Sony 已經邀請比利時區塊鏈公司 SettleMint，協助處理技術和法律合規問題。

## 未來展望

Sony 進軍 Web3 和加密貨幣領域，無疑是其戰略布局中的重要一步。通過改造 WhaleFin 平台、與 Web3 企業合作及申請 NFT 專利，Sony 正在積極探索，並融入區塊鏈技術到現在的電子、遊戲、娛樂三大產業支柱之中，這將帶來更多創新和商業機會。這些創新嘗試不僅提升了 Sony 在數字資產管理和交易領域的競爭力，也為遊戲和娛樂業務帶來了新的增長點。

總的來説，Sony 的這一系列戰略項目，展示了它在技術創新和市場拓展上的雄心壯志。這亦可能是 Sony 在上一波 2008 年嚴重衰退，迎來 2009 年的重大改革之後，新一輪的重大突破機會。隨著 Web3 技術的不斷發展，Sony 希望可以在未來的數字經濟中，佔據更加重要的位置。

# Web3：技術的盛宴與面臨的挑戰

一連四天的 Hong Kong Web3 Festival 2024，在 2024 年 4 月 6 至 9 日盛大舉行，規模比 2023 年翻倍，筆者有幸成為這場集結前沿技術與創新思維的盛會的一份子。Web3，作為互聯網發展的下一個階段，承諾將帶來去中心化、分布式所有權以及用戶自主的新時代、烏托邦。然而，隨著在這個節日中的所見所聞，筆者發現 Web3 尚存在著一些關鍵的挑戰需要克服，以達到其真正的社會大眾化的潛力。

大家經常提及，作為驅動金融科技的底層技術 ABCD：即是 A 人工智能、B 區塊鏈、C 雲計算、D 大數據，其中 A、C、D 都已經普及應用到一般大眾的日常生活之中。最早大眾化應用的應數雲計算，例如大家用的 iCloud、Google Cloud 來儲存圖片、歌曲、視頻，以至差不多是辦公室必備的 Office 365 ；再者是大家每天的日常都會產生大數據，包括手機拍照、拍片、Facebook IG 發帖、家居或汽車裡的監控視像鏡頭，每天都在產生數以百計 MB 以至 GB 的大數據；還有就是從 2022 年開始熱火起來的 GenAI，以 ChatGP 為首，現在差不多是個人日常或辦公室應用都不可或缺的工具之一。反而是 Web3 應用的區塊鏈技術，到現在還未有一個殺手級或現象級應用，可以普及到一般人的日常生活之中。

## 活力四射的創新熱潮

Hong Kong Web3 Festival 2024 是一個充滿活力的場合，參展商眾多，主題演講引人入勝，而座談會則是各種最前沿思想的碰撞。在這裡，新的 Web3 產品如雨後春筍般發布，多方戰略合作協議的簽署更是預示著這個領域即將迎來的新浪潮。新概念和新想法在這裡交織，匯聚成未來的可能性大洪流。

## 專業與隔閡：技術的深淵

然而，浮光掠影之下，筆者發現了幾個明顯的問題。首先，大部分的展示和討論都非常專門和技術性，充滿各種技術術語，主要圍繞著基礎建設和開發工具。這些技術的突破固然令人驚嘆，但對於非技術背景的參與者來說，這樣的專業性設置了一道不易逾越的門檻。

## 先於問題的解答：本末倒置？

其次，許多稱為「解決方案」的產品，並沒有明確指向要解決的問題或痛點，區塊鏈剛出現的早期階段，也曾被很多 IT 界朋友評為「沒有問題需要解決的解決方案」（solution without a problem）。一個成功的創新，應該是以解決特定問題為核心，然而在 Hong Kong Web3 Festival 2024 中，有時這樣的連結似乎並不清晰。創新者們永遠需要反躬自問：自己設計的解決方案，是在追求技術的進步，還是在解決真實的用戶的需求？

## 尋找目標客戶群：失準的焦距

另外，很多創意產品，目標客戶群似乎過於狹窄。Web3 的創新和產品需要能夠吸引廣泛的用戶群，但有時我們看到的客戶定位過於精細，或者瞄準過於小眾的市場，缺乏清晰的群眾基礎。這不僅限制了市場的潛力，也使得產品的普及和接受程度陷入瓶頸。

## 複雜性困境：工程師的迷宮

此外，許多產品的複雜性使得一般人難以理解，它們往往是工程師的杰作，但無法用一兩句簡單的話來清楚地形容和表達。這種複雜性的設計傾向，不僅限制了其訴求的傳達，也使得非技術用戶難以接近，更不用説嘗試使用這些產品。一個產品如果無法向普通人簡單地解釋和理解，其推向市場的成功概率將大大降低。

## 跟基礎群眾脱節：日常生活的距離

最後，Web3 的產品和服務似乎脱離了基礎群眾，與日常生活相去甚遠。為了讓 Web3 真正成功，它必須能夠融入社會大眾的日常生活中，成為人們不可或缺的一部分。這意味著 Web3 的應用需要更加人性化、更簡單易用，並解決現實世界中的實際問題。在前一波的技術浪潮中，金融科技也走過相似的路徑，最後以數字支付或手機支付為代表，例如 Apple Pay 或者支付寶，進入到路邊小店，普通百姓每天日常生活當中。

## 走進日常：Web3 的未來之路

面對這些挑戰，Web3 社群應該怎樣應對呢？筆者認為答案在於以下幾個方面：

1. 強化以客為本：開發者應該更多地從一般用戶的角度出發，找到真正需要解決的問題，而不是僅僅從技術的角度來看待創新。

2. 簡化產品設計：產品設計應當追求簡潔性，降低使用門檻，讓非技術用戶也能夠輕鬆理解和使用。

3. 擴大目標用戶群：我們需要擴大我們的視野，設計能夠吸引更廣泛用戶群的產品，從而使 Web3 的創新能為更多人所用。

4. 注重用戶體驗：提升用戶體驗至關重要，這包括提升界面的友好性、增強產品的認受性和易用性。

5. 結合日常生活：將 Web3 技術與日常生活相結合，開發出真正能夠解決日常問題的應用。

Hong Kong Web3 Festival 2024 無疑展示了這個領域巨大的潛力和創新精神。然而，為了讓這些創新真正落地，我們需要認識到並克服它們在實際應用中所面臨的挑戰。只有當 Web3 能夠真正解決一般用戶的日常問題，並且以一種易於理解和使用的方式融入大眾生活時，我們才能說它實現了其真正的革命性潛力。未來的 Web3 不應該只是一個技術盛宴，更應該是一個為所有人打造的、更加去中心化、開放和互聯的新世界。讓我們共同期待這一天的到來。

# 不丹的加密貨幣試驗 8
## 比特幣納入國家儲備

南亞內陸小國不丹，最出名的是「全球最幸福國家」，一直發展「國民幸福總值」（Gross National Happiness, GNH），2008 年梁朝偉、劉嘉玲在當地舉行婚禮，令不丹更出名。然而，不丹近來同樣遇到外圍經濟壓力、本國人口流失、財政赤字加劇等挑戰，急需要探索新的經濟發展模式。

早在 2022 年就有消息公開，不丹政府持有比特幣，並且經由國家主權財富基金 Druk Holding & Investments（DHI）參與比特幣挖礦。根據最新數據，不丹目前持有超過 13,000 枚比特幣，價值約 11 億美元，約佔 GDP 的 36%。

近年來，隨著加密貨幣在全球資本市場的佔比日漸增大，愈來愈多的國家有考慮將虛擬資產納入財政儲備。不丹這個位於喜馬拉雅山脈的小國，2025 年初就是因為宣布將比特幣（BTC）、以太坊（ETH）和幣安幣（BNB）納入國家戰略儲備，成為全球關注焦點。不丹的這一行動不僅被視為對認可加密貨幣的經濟潛力，並且也可能成為其他國家的參考對象，展示如何利用虛擬資產推動本國經濟發展。

### 不丹的國家策略與國際影響

不丹的比特幣儲備大部分用水電挖礦得來。不丹是全球唯一的負碳國家，擁有豐富的水力發電資源，所以能夠以低成本和環保的方式挖礦比特幣。此外，雨季時電力過剩，水電有盈餘的季節性，使挖礦成為高效利用能源的方式。不丹政府的目標不僅是將比特幣用作主權財富基金的增值資產，還嘗試通過吸引外國投資，推動數字經濟發展，實現經濟多元化。

不丹的特別行政區「蓋勒普正念之城」（Gelephu Mindfulness City, GMC），正成為加密貨幣政策和創新經濟模式的試驗區。該區採取「一國兩制」模式，將區塊鏈技術和數字資產應用於金融服務、土地代幣化、發行基於黃金支持的數字貨幣（TER）。這些措施不只旨在吸引外商投資、推動經濟發展，也嘗試新的發展模式，結合傳統金融與現代技術。

不丹的做法與薩爾瓦多的比特幣法幣化政策有本質上的不同。薩爾瓦多是直接用比特幣作為法定貨幣，推動在日常支付中使用；而不丹將比特幣作為戰略儲備資產，並融入主權財富管理體系。這種模式某程度上降低了政策推行的風險，並有助於穩定比特幣在國家財政中的角色。

不丹的創新標誌著一個新的趨勢：小型經濟體可以通過加密貨幣實現經濟增長。根據世界銀行的報告，小國經濟往往容易受到地緣政治和外匯波動的影響，而加密貨幣的去中心化特性可為這些國家對沖這種風險。不丹的案例顯示，即使是資本市場不發達的國家，也可以通過挖礦和持有比特幣積累外匯儲備，並吸引外國直接投資。

此外，隨著美國、日本、俄羅斯等經濟體討論將比特幣納入國家儲備的可能性，不丹的實踐為其他國家提供了一個可參考的例子。特別是在能源資源豐富，但經濟結構單一的國家，例如尼泊爾、格魯吉亞等，不丹模式可能成為推動經濟發展的範例。

## 挑戰與風險

儘管不丹的加密貨幣策略看似前景吸引，但仍面臨諸多的挑戰和風險。首先是加密貨幣的高波動性，價格劇烈波動可能對不丹的財政穩定構成威脅。之前比特幣價格突破 10 萬美元，後來又迅速回落至 8.9 萬美元，這種波動性可能導致國家主權財富基金的價值大幅波動，進而影響公共服務的資金來源。

其次是國際間監管與政策的不確定性，令不丹的比特幣儲備政策可能面對國際壓力，包括在反洗錢和反恐融資方面。此外，其他國家對比特幣挖礦的環境影響日益關注，也可能影響不丹的能源出口和比特幣挖礦活動。

最後是經濟結構的單一性與潛在「荷蘭病」，不丹長期以來依賴水電出口和援助，經濟結構相對單一。過度依賴比特幣挖礦和儲備，可能進一步加劇經濟結構的不平衡，甚至引發類似「荷蘭病」的現象，即比特幣相關收入的增長令其他經濟部門萎縮。

## 對全球的啟示

不丹的案例表明，小國也可以通過大膽的政策創新，利用數字技術和加密資產推動經濟發展。在資本和技術有限的情況下，比特幣挖礦與區塊鏈應用成為不丹實現彎道超車的可行方式。不丹的經驗也證明，綠色能源與數字經濟結合，可以為國家創造新的價值增長。

不丹將比特幣納入國家儲備，可能引致其他國家重新審視加密貨幣在主權財富管理中的角色。特別是在全球面臨通脹壓力、美元主導地位減弱的當下，加密貨幣作為一種潛在的儲備資產，可能受到更多國家的關注。然而，解決高波動性和監管挑戰，仍然是首要問題。

另外，不丹利用水電資源作比特幣挖礦，為其他能源出口國提供了一個轉型的示範。通過將能源盈餘與數字經濟結合，小國可以在全球數字化趨勢中找尋到新機遇。然而，這一模式的可持續性取決於政策的穩定性、監管環境的支持以及對加密

貨幣市場的風險管理能力。

未來，隨著全球對加密貨幣接受度提升，不丹的故事可能成為推動全球數字資產政策改革的重要參考。對於其他國家而言，不丹的經驗是一個啟示：小國的創新，也能夠在全球經濟舞台上激起更大的波瀾。

# 加密支付的新紀元 8
## MetaMask 和 Mastercard 的合作

隨著金融科技的快速進步，加密貨幣正在從一個另類投資變成日常生活中的支付方法。最新的發展是非托管錢包 MetaMask 與全球支付巨頭 Mastercard 的合作，共同推出了一款基於區塊鏈的支付卡。雖然早已經有全球加密貨幣交易所提供 Visa 支付卡作支付用途，但這一合作仍然是技術創新的象徵，也可能對傳統金融生態造成深遠的影響。

### MetaMask Card 是什麼？

根據 Coindesk 在 2024 年 8 月 14 日的報道，這款名為 MetaMask Card 的產品目前處於試點階段，僅在歐盟和英國的幾千名用戶中推出數碼版本的支付卡。這些用戶可以直接使用存於 MetaMask 錢包中的 USDC、USDT 和 wETH 等加密資產進行支付，而這些資產均托管於以太坊的 Layer-2 網絡 Linea 上。

MetaMask 此次創新，是將自主擁有的數字資產直接用於日常消費的一大步。用戶無需將加密貨幣兌換成法定貨幣，便可在任何接受 Mastercard 的商戶處消費，這在便利性和實用性上都是巨大飛躍。

值得一提的是，Visa 早前也曾推出類似基於區塊鏈的支付卡項目，與 Circle 的 USDC 穩定幣以及 Solana（SOL）網絡合作，旨在加速跨境支付的處理。這些合作展示了傳統金融企業，對於整合區塊鏈技術和數字資產的積極態度和前瞻部署。

## 非托管錢包是什麼？

在深入探討這一支付卡前，首先理解一下非托管錢包與托管錢包的區別。托管錢包由第三方服務商管理，或者大多數時候是加密貨幣交易所，用戶的私鑰和資產托管在服務供應商；而非托管錢包則完全由用戶自己控制私鑰和資產。MetaMask 作為其中一個最受歡迎的非托管錢包，用戶可以完全控制自己的加密資產，這一點在使用 MetaMask Card 時尤為重要。

## 可能出現的市場影響

MetaMask 和 Mastercard 的合作將顯著降低使用加密貨幣的門檻，當 MetaMask Card 正式推出，更多用戶會接受和使用加密貨幣作日常消費，從而提高加密貨幣的應用和需求。隨著更多的商家和消費者開始接受加密貨幣支付，這將可能導致加密貨幣需求的增加，從而在長期內穩定或提高其價格。

此外，由於 MetaMask Card 允許用戶直接從非托管錢包中使用加密貨幣進行支付，意味著加密貨幣在市場上流通將更頻繁。增加的流動性可能減少價格波動，因為更大的市場，可以更有效地吸收大規模買賣訂單的影響，而不會導致價格劇烈變動。

MetaMask Card 可以使用的加密貨幣包括穩定幣，如 USDC 和 USDT，都是與美元這法定貨幣掛鈎。隨著這些穩定幣的使用增加，它們的市場供應和需求也會增加，可能會正面影響其價格穩定性。

市場可能解讀 MetaMask Card 的推出為加密貨幣被主流接受的一個重要信號。正面的市場情緒可能推動短期內價格上調，而任何技術或執行上的問題則可能引起價格波動。

隨著加密貨幣更多地被整合進日常金融活動中，可能會促使全球政府和監管機構加快制定和實施相關的監管框架，之前，監管的不確定性和變化往往是市場價格波動的一大原因。

最後，支付卡能否成功推廣和使用，必須依賴背後的技術平台和基礎設施的穩定性，帶來的技術改進和擴展，可以反過來增加對加密貨幣的信任和依賴，進一步穩定價格。

## 對政府政策的建議

隨著不同的加密貨幣支付卡項目出台，各國政府有需要加快穩定幣的法規發展，政府需要制定和實施明確的政策來管理穩定幣，因為這是加密支付卡使用中不可或缺的元素，確保其背後的資產有足夠的保障，支持和透明度是非常重要。

另外，亦需要進一步提升對消費者的保護，隨著數字資產的普及，加強消費者保護變得尤為重要。這包括保護他們免受詐騙、盜竊和黑客攻擊的侵害，並確保他們的資產和交易安全可靠。

MetaMask 與 Mastercard 的合作不僅反映了區塊鏈技術的成熟，也可能成為推動全球金融系統轉型的關鍵，令到加密貨幣和傳統金融進一步融合。這一創新的支付方式將如何重新塑造我們的購物和支付習慣，仍有待觀察，但其帶來的影響無疑是深遠的。隨著技術的進步和市場的適應，政策監管和金融機構需要不斷調整策略，以應對這一挑戰。

# 香港虛擬銀行的進程：
## 從「虛擬」回到「數字」

香港作為國際金融中心，一直走在金融創新的前沿。近年來，隨著科技的迅速發展，虛擬銀行在香港漸漸崛起，成為金融服務創新的一股重要力量。然而，香港的金融管理局副總裁阮國恒，在 2024 年對虛擬銀行的現狀進行了評估，發現整體經濟復甦動力未達預期，令大部分虛擬銀行增加撥備減值。這些虛擬銀行，主要將業務集中於個人零售和中小企業客戶，這是其收入來源的主要部分。

從 2019 年首批虛擬銀行（虛銀）獲得金融管理局的牌照以來，本港八間虛擬銀行依靠先進的科技，創新的服務模式，嘗試吸引客戶和存款，特別是對科技感興趣和追求便捷服務的年輕人。但在經過四年營運之後，2023 年全部八間全年均錄得虧損；當然阮國恒亦有指出，與去年相比，這些銀行的收入和貸款量均有所增長。根據金管局的數據，虛銀的總客戶數達到 220 萬，年增 20%，總存款增至 370 億元，增幅達 23%，而總貸款則達到 190 億元，增長 19%。這些數據表明，虛銀的業務也正在穩步改善。

隨著這些銀行服務的客群不斷擴大，其社會責任也日益增重，對於「虛擬銀行」這一命名，社會認知和接受度亦出現了新的挑戰。香港金管局在 2023 年 4 月 30 日開始諮詢將「虛擬銀行」更名為「持牌數字銀行」，這一改變不僅反映了市場和社會的聲音，也顯示香港金融業在全球數字化浪潮中，需要繼續保持領先的挑戰。

在這裏我們可以參考各國對新型的純網上銀行（online-only

bank）的稱呼，雖然各有不同，但其共同特點是利用科技創新，提供更便捷、個性化的金融服務，並且不設實體網點。純網上銀行的興起，正在顛覆傳統銀行業的經營模式。以下是不同國家對純網上銀行的稱呼及發展情況：

日本將純網上銀行稱為互聯網銀行（Internet Bank）。日本的互聯網銀行主要特點是不設實體網點，完全依靠網絡和手機 APP 提供服務。代表性的互聯網銀行有 PayPay 銀行、au 銀行等。

英國和歐洲將純網上銀行稱為挑戰者銀行（Challenger Bank）。挑戰者銀行是相對於傳統大型銀行的新興銀行，主要特點是利用科技創新提供更靈活、個性化的金融服務。代表性的挑戰者銀行有 Monzo、Starling Bank 等。

新加坡將純網上銀行稱為數字銀行（Digital Bank）。新加坡金管局在 2020 年頒發了數字銀行牌照，允許純網上銀行在新加坡營業。數字銀行的特點是完全數字化，不設實體網點。代表性的數字銀行有 DBS Digibank、OCBC 360 等。

中國將純網上銀行稱為網絡銀行。中國的網絡銀行主要特點是依託互聯網平台提供金融服務，不設實體網點。代表性的網絡銀行有網商銀行、微眾銀行等。

美國是最早出現純網上銀行的國家之一，但是反而未有統一的稱呼。目前美國純網上銀行的發展相對較為成熟，主要特點包括不設實體網點，完全依靠網絡和手機 APP 提供服務，主要提供零售業務，收入來源多為交易手續費，與傳統銀行相比，純網上銀行的成本優勢明顯。

澳洲和巴西都將純網上銀行稱為數字銀行。澳洲的數字銀行主要特點是利用科技創新提供更靈活、個性化的金融服務。巴西的數字銀行正在快速發展，具代表性的有 Nubank、C6

Bank 等。

各國對純網上銀行的稱呼不同，大概主要原因有：

1. 歷史和文化背景不同。日本、中國等亞洲國家更傾向於使用互聯網銀行、網絡銀行等貼近技術的詞彙，而英國等歐美國家則更強調挑戰者銀行的競爭性。

2. 監管政策不同。一些國家如新加坡專門頒發數字銀行牌照，而美國等國家則尚未有統一的監管政策。

3. 銀行發展階段不同。一些國家如中國、巴西的純網上銀行發展較晚，而美國等西方國家的純網上銀行發展相對較早。

數字銀行的興起，正在顛覆傳統銀行業的經營模式。未來，數字銀行將對銀行業發展產生以下深遠影響：

1. 促進銀行業務數字化轉型。數字銀行的興起，迫使傳統銀行加快數字化進程，提升客戶體驗。

2. 加劇銀行業競爭。數字銀行的低成本優勢，將加劇銀行業的競爭，傳統銀行面臨生存壓力。

3. 推動金融創新。數字銀行的創新模式，將推動金融產品和服務的創新，滿足客戶多樣化需求。

4. 提升金融普惠。數字銀行的低門檻特點，將提升金融服務的普惠性，讓更多人享受到更豐富的金融服務。

5. 帶來監管挑戰。數字銀行的創新模式，也給監管機構帶來挑戰，需要制定適合數字銀行發展的監管政策。

總的來説，數字銀行的興起正在重塑銀行業的格局，香港的虛擬銀行正處於一個重要的轉折點。在香港廣東話中，「虛擬」一詞與「不真實」或「不靠譜」有關聯，這對於旨在建立信任和穩固地位的銀行來説是一種挑戰。改名為「持牌數字銀行」，不僅是對外界認知的一次正面回應，更是對內部實力和能力的一次確認。

這一轉變希望可以象徵香港金融業的創新精神和對未來的靈活性，同時展現了香港在全球數字經濟浪潮中保持領先地位的決心。隨著諮詢期的結束和新命名的正式確定，我們希望這些持牌數字銀行將繼續在香港，乃至全球的金融科技領域中發揮它們的創新和示範作用。

# 虛擬貨幣現貨 ETF：香港投資新篇章

隨著全球貨幣數字化的趨勢不斷加強，傳統金融市場正迎來前所未有的變革。2023 年年底美國證券交易委員會（SEC）批准了 11 隻比特幣現貨交易所交易基金（ETF），包括加密貨幣基金最有名的 Grayscale，著名科技界投資人木頭姐 Cathie Wood 的 ARK Invest，以致傳統老牌基金公司 Investco, Fidelity, Franklin Templeton 等等，為投資者提供了一個便捷的通道參與這一數字資產革命。緊隨其後，2024 年（2024 年）4 月 15 日，香港證監會也宣布有條件批准三隻虛擬貨幣現貨 ETF 上市，展現了亞洲金融市場對於創新產品的接受度和積極態度。

## 投資虛擬貨幣現貨 ETF 的三大好處

相比起直接投資虛擬貨幣，透過 ETF 投資有以下的好處：

1. 便捷的投資渠道：對於大眾投資者來說，虛擬貨幣現貨 ETF 提供了一個直接且簡單的途徑來投資於加密貨幣市場。透過傳統的證券交易平台，投資者無需擔心如何購買和儲存比特幣等虛擬貨幣，也無需直接面對相關的技術問題。

2. 機構投資者的入場券：一些受到嚴格監管的機構投資者，如退休基金和保險公司，可能受限於對於直接持有虛擬貨幣的規範。虛擬貨幣現貨 ETF 作為一種合規的金融產品，為這些機構提供了參與數位資產市場的機會，同時確保了監管的合規性。

3. 透明及成本效益：ETF 作為一種透明的投資工具，允許投資者清晰地了解基金的資產配置和表現。此外，與直接購買和持有虛擬貨幣相比，ETF 往往具有更低的管理費用和交易成本，為投資者提供了一個更具成本效益的選擇。

## 香港的 ETF 市場現狀

其實早在 2022 年年底，香港的南方東英基金已經發行了比特幣和以太坊期貨 ETF，然後三星資產管理也發行了比特幣期貨主動型 ETF，所以香港市場在虛擬貨幣 ETF 方面已經是全球領先，根據南方東英透露，較多零售投資者也是透過券商或銀行，已經可以交易虛擬資產類別。

根據公開的訊息，香港的博時基金（國際）或 HashKey Capital 是其中一家獲批發行虛擬貨幣現貨 ETF 的機構，其餘兩家都是中資券商，包括嘉實國際，華夏基金（香港），這三家機構均表示，它們將提供一種透明、成本效益以及符合監管要求的方式，讓投資者能夠安全地投資於虛擬貨幣。

虛擬貨幣現貨 ETF 的推出，對於資金流動、市場透明度以及整體的投資生態都將產生深遠的影響。首先，它可以促進更多的資金流入虛擬貨幣市場，這對於市場的深度和流動性是一個正面的推動。其次，透明度的提高將有助於減少市場操縱的情況，因為所有的交易都將在公開的市場上進行。

## 虛擬貨幣現貨 ETF 對後市的影響

香港批准虛擬貨幣現貨 ETF，這將是一個重要的發展，因為它可能對整個虛擬貨幣市場有以下幾方面具代表性的影響：

1. 增加機構投資者參與度：允許虛擬貨幣現貨 ETF 可能會吸引更多傳統的金融機構和投資者進入虛擬貨幣市場，因為 ETF 是他們熟悉的投資工具。

2. 提高市場流動性和穩定性：隨著更多的資金進入市場，虛擬貨幣的流動性可能會增加，從而有助於市場穩定性和價格發現的效率。

3. 強化監管框架：香港作為國際金融中心，將虛擬貨幣納入監管體系可能會為其他國家和地區提供模範，進一步推動全球虛擬貨幣監管框架的建立。

4. 推動創新和競爭：隨著對虛擬貨幣 ETF 的需求增長，可能會促進金融產品的創新，並推動現有金融機構和新興企業之間的競爭。

5. 增加風險敞口：同時，虛擬貨幣的高波動性也意味著 ETF 投資者可能會面臨較大的市場風險。這將要求更多的投資者教育和適當的風險管理措施。

## 投資 ETF 與直接投資虛擬貨幣的差異

虛擬貨幣現貨 ETF 無疑提供了一種通過註冊和受監管的金融產品，來間接投資虛擬貨幣的方式，這對於希望透過傳統金融渠道參與虛擬資產的投資者來說，是一個吸引的選項。然而，在考慮將資金投入虛擬貨幣現貨 ETF 前，投資者需了解其與直接投資虛擬貨幣之間的幾個關鍵差異：

1. 交易時間的限制：虛擬貨幣市場特有的一個特點是它的全天候（7x24 小時）交易能力，這意味著虛擬貨幣投資者可以隨時進行交易，無論是白天還是夜晚。這種不間斷的市場運作使得投資者能夠迅速響應全球事件或市場新聞。相比之下，虛擬貨幣現貨 ETF 受限於其在特定證券交易所的交易時段。這可能導致在交易所關閉期間發生的市場變動，ETF 投資者無法即時反應。

2. 流動性的差異：虛擬貨幣的全球性和去中心化特點提供

了非常高的市場流動性，因為全球的交易者與投資者隨時都在買賣。而虛擬貨幣現貨 ETF 的流動性則受限於其交易所的市場深度和交易量。雖然流動性可能對於大型市場如比特幣或以太坊來說不是問題，但對於那些交易量較小的 ETF 來說，投資者可能會面臨買賣價差較大的問題。

3. 價格追蹤的精確性：在極端市場條件下，虛擬貨幣現貨 ETF 的價格可能會與其所跟蹤的虛擬貨幣的實際市場價格出現偏差。這種現象稱為溢價或折價，可能是由於 ETF 的需求與供應動態、基金的管理操作或是交易時間的限制所導致。例如，在虛擬貨幣價格快速上升或下跌的時候，ETF 的價格調整可能不會那麼即時，因此不能完全反映實際市場條件。

總的來說，香港批准了虛擬貨幣現貨 ETF，這可能是虛擬貨幣市場成熟過程中關鍵的一步，同時也對投資者和監管機構提出了新的挑戰。不過，這一切都取決於實際的監管細節、市場接受度、以及全球經濟和政治環境的變化。

# 虛擬銀行三年
## 今後何去何從

2020 年八家虛擬銀行開業，曾經被寄予厚望，大家期望它們能夠改變香港銀行業的格局，例如提升金融科技的創新和應用、提供更加便捷、高效的金融服務、做到普惠金融。然而，三年過去後，八家虛擬銀行的最新業績顯示，直到2023年全年，所有虛擬銀行仍處於虧損狀態。這些財務表現引發了市場對虛擬銀行未來發展前景的思考。

### 業績回顧與資本增持

根據公布的財務報告，八家虛擬銀行在 2023 年仍然虧損，分別只是虧損的數額有所不同，有些銀行虧損擴大，有些則有所收窄。這種情況引起在 2023 年 10 月就已經有所報道，當時有兩間虛擬銀行增資時，其非金融業股東不願意再增持股份。這一現象反映了部分股東對虛擬銀行未來盈利能力的信心不足。

儘管如此，虛擬銀行仍獲得主要股東的支持。例如，在 2023 年首 9 個月，Mox Bank、理慧銀行（livi bank）、匯立銀行（WeLab Bank）及富融銀行（Fusion Bank）均獲得股東增資，顯示出主要股東對虛擬銀行的長期支持。然而，值得注意的是，部分股東卻選擇不參與增資，導致其股權被攤薄。例如，攜程金融減少了對 Mox Bank 的持股比例，而京東則連續兩輪未有增資，導致其在理慧銀行的持股比例下降。

## 理慧銀行的股權變動

理慧銀行的增資量及股權變動在虛擬銀行中最為顯著。該行在 2023 年 9 月進行了一輪 9.93 億元的配股增資，但是怡和和京東的股權比例都下降，特別是京東，連續兩輪未有參與增資，持股比例由 32.14% 減至 23.73%，最後需要由最大股東中銀香港承購了大部分股份，使其股權從 39.29% 上升至 49.91%。這變動反映了不同股東對虛擬銀行未來發展預期的不同。

## Mox Bank 的增資

Mox Bank 在 2023 年 2 月和 7 月分別進行了兩次配股集資，總額超過 8.5 億元。然而，攜程金融卻選擇不參與增資，其持股比例由 9.02% 攤薄至 7.25%。相對而言，渣打銀行不僅按比例增持，還額外支付了攜程金融部分股份，使其持股比例上升至 67.75%。這顯示出渣打銀行對 Mox Bank 的未來仍然充滿信心，而攜程金融則持觀望態度。

## 匯立銀行的架構重組

一些虛擬銀行則選擇通過架構重組來實現轉虧為盈的目標。匯立銀行在 2024 年 6 月完成了架構重組，將網上貸款平台 WeLend 變成了全資子公司。通過這次一重組，匯立銀行的官方説法是，可以更好地利用存款來降低 WeLend 的資金成本。事實上，重組後，匯立銀行在無抵押貸款市場的份額立即顯著提升，於全港所有銀行中排名中上升到第四，這一策略似乎正在初見成效，有望他們加速實現盈利。

## 天星銀行的新股東

此外，天星銀行則是積極尋求新股東的加入，以期帶來新的業務機會和發展空間。2024 年 6 月，富途控股斥資 4.4 億元入股天星銀行母公司，成為其第二大股東。通過這一交易，富途控股間接持有天星銀行 44.11% 的權益，而小米的持股比例則降至 50.3%。引入富途控股這樣擁有大量證券客戶的新股東，天星銀行有望在業務拓展和客戶資源整合方面獲得新的動力。

## 虛擬銀行的挑戰與前景

虛擬銀行持續虧損的現狀無疑是一大挑戰。導致虧損的原因很多，包括市場競爭同質化激烈、運營成本持續高企、客戶信任度有待提升等。虛擬銀行需要在提升服務質量、降低運營成本和擴大市場份額方面下更大功夫。

## 技術創新與業務多元化

然而，虛擬銀行也擁有獨特的優勢，即技術創新和靈活的業務模式。通過技術創新，虛擬銀行可以提供更加個性化和高效的金融服務，吸引更多年輕一代和科技愛好者成為其客戶。此外，虛擬銀行可以通過業務多元化，拓展新興市場和業務領域，以達到業務增長和盈利提升。

## 迎合市場環境的變化

隨著數字經濟的快速發展和消費者金融需求的多樣化，虛擬銀行將迎來更多發展機遇。首先，隨著智能手機和互聯網的普及，愈來愈多的消費者開始接受和使用線上金融服務，這為虛擬銀行的客戶基礎提供了廣闊的空間。其次，年輕一代消費者對傳統銀行的繁瑣手續和高昂費用感到厭倦，更傾向於選擇便捷、透明的虛擬銀行服務。此外，隨著金融科技的進步，虛擬銀行能夠利用大數據、人工智能和區塊鏈技術，提供更加個性化和高效的金融產品與服務，從而提升客戶體驗和忠誠度。

虛擬銀行在最初三年的發展歷程中經歷了諸多挑戰和變革。儘管目前仍面臨虧損困境，但通過股東增資、架構重組和引入新股東等舉措，部分虛擬銀行已經開始展現出轉虧為盈的潛力。未來，虛擬銀行需要繼續加強技術創新、拓展業務多元化，並積極應對市場變化，以實現可持續發展。虛擬銀行的前景雖然充滿挑戰，但只要能夠抓住機遇，積極應對，相信虛擬銀行終將在香港金融市場中佔據一席之地。

陳穎峯

# 港交所虛擬資產指數系列

## 開創香港新金融時代

在全球數字資產市場快速發展的浪潮中，香港交易所在2024年10月28日宣布推出虛擬資產指數系列，這無疑是香港新金融發展的一個重要里程碑。這個創新產品不僅體現了香港致力在新金融領域中爭取領先，更標誌著傳統金融與虛擬資產的進一步融合邁出了關鍵一步。

### 創新在填補市場空白

港交所此次推出的指數系列主要針對比特幣和以太幣這兩大主流虛擬貨幣，其重要性體現在多個層面。首先，這是香港首個符合歐盟基準法規（BMR）的虛擬資產指數系列，顯示了香港一貫接軌國際標準的規範；與英國註冊基準管理機構CCData合作，更增加了指數的專業性和可信度。

其次，指數設計充分考慮了亞洲市場的特點。通過24小時交易量加權的計算方法，結合多家主要交易所的價格，不僅提供了更準確的市場反應，也為亞洲時區的投資者提供了更貼近的參考基準。

### 市場影響既深遠且廣泛

從市場角度來看，這一指數系列的推出具有多重積極影響。第一，令價格透明度提升，通過統一的參考價格，有效解決了虛擬資產在不同交易所之間的價格差異問題，提高了市場的透明度和效率。第二，更好地支持投資決策，通過每日下午4點的參考匯率設計，可以為機構投資者提供更可靠的估值工具，有助他們進行投資組合管理和風險控制。第三，作為未來創新產品的基礎，為未來可能推出的 ETF（交易所買賣基金）或其他金融衍生、結構性產品奠定下基礎，為市場創新提供了重要支撐。

## 戰略視角的優勢與機遇

從戰略層面分析，這創新產品彰顯香港在區內競爭中的獨特優勢。首先是政策支持，自 2022 年香港特區政府發布虛擬資產發展政策聲明以來，監管框架逐步完善，為市場發展提供了有力保障。然後是國際視野，虛擬資產指數系列的設計，既符合國際標準，又考慮到亞洲市場特點，體現了香港作為國際金融中心的優勢。最後也是最重要的是完整生態系統，港交所作為成熟的金融市場運營者，它的信譽和經驗有助於提升虛擬資產市場整體的專業性和規範性。

## 機遇與挑戰並存

筆者認為雖然這創新的確意義重大，但同時仍面臨諸多挑戰。首先是市場接受程度，雖然虛擬資產市場規模持續擴大，但機構投資者的參與度仍然有待提高。虛擬資產指數系列能否獲得市場廣泛認可，需要時間來驗證。另外是平衡監管，如何在推動創新的同時，確保風險可控，這需要監管機構與市場參與者持續溝通和調整。此外是對技術的要求，指數的即時計算和發布，對技術系統有更高要求，營運商需要確保系統的穩定性和可靠性。

## 未來展望與建議

針對未來的發展，筆者提出以下幾點建議，包括擴大虛擬資產指數覆蓋範圍，除了比特幣和以太幣，可考慮逐步納入其他具代表性的虛擬資產，打造更全面的指數體系。再者加強市場的教育，推出相關培訓和教育計劃，提高市場參與者對虛擬資產的認識和理解。其次可以深化國際間合作，積極與其他金融中心攜手，推動虛擬資產市場的標準化和規範化發展。最後就可以達成產品創新，基於虛擬資產指數系列，逐步推出相關金融產品，豐富市場層次。

港交所推出虛擬資產指數系列是一個具有前瞻性的戰略舉措，不僅為香港虛擬資產市場的發展提供了重要基礎設施，也為亞洲區域乃至全球虛擬資產市場的發展提供了有益參考。在新金融時代，香港正在以務實的步伐，穩步邁向亞洲領先虛擬資產樞紐的目標。這創新的成功與否，不僅關係到香港金融市場的創新發展，更將影響整個亞洲數字資產市場的未來格局。

# 銀行業務新篇章8：
# 代幣化產品與虛擬資產託管

自 2019 年證監會開始監管虛擬資產以來，香港的相關法規和監管框架一直在不斷發展。當香港金融市場在虛擬資產監管方面起步早期，最初重點關注於投資相關受規管活動，例如交易所運營、經紀交易和資產管理等。然而，隨著虛擬資產生態系統的擴大，許多活動仍處於監管的灰色地帶。挖礦、托管、抵押借貸、去中心化金融（DeFi）、場外交易（OTC）以及加密貨幣提款機等活動的監管不足，對投資者保護和金融穩定構成了潛在威脅。

近年來，香港政府和金管局已經開始填補這些監管空白。穩定幣作為虛擬資產的一類，其市場規模和影響力的快速增長，促使金管局提出公眾諮詢，考慮制定相應的監管框架。這是對現有監管系統的重要補充，因為穩定幣的特性可能會對傳統的金融穩定性構成挑戰。

此外，2024 年 2 月 20 日金管局對銀行發出的指引，擴展到了非證券代幣交易和虛擬資產托管服務，這表明了對包括托管在內的虛擬資產服務提供者的監管開始成形。這些指引旨在確保銀行在提供相關服務時能夠遵守適當的風險管理和合規標準。

## 虛擬資產和代幣化產品帶來的商機

與此同時，銀行業也對虛擬資產領域的商機表現出濃厚興趣。例如，虛擬銀行 Mox Bank 於 2024 年 3 月 5 日宣布，銀行計劃於 2024 年下半年，推出針對虛擬資產的投資服務，這意味著 Mox Bank 的客戶，通過銀行的手機應用程式就可以直接投資比特幣和以太幣等加密貨幣。

上面提及金管局兩份指引文件，涵蓋了代幣化產品的銷售和虛擬資產託管的規範。我們首先了解代幣化的原理。代幣化就是將實體資產轉換成數字形式，通過區塊鏈技術使其得以在虛擬世界中流通和交易。這不僅僅是一場資產形態的變革，更關乎資產交易方式的根本顛覆。

想象一下，房地產、藝術品甚至是個人的時間資源都可以被代幣化，並在全球範圍內自由交易，這是多麼有效地解放資產的內在價值。然而，隨之而來的是監管的挑戰，如何確保這一切在合法和安全的軌道上運行，就成了金管局這份指引的核心問題。

## 創新與監管的雙刃劍

金管局此舉最值得關注的，是如何在促進創新與確保市場穩定之間取得平衡。代幣化作為一種新興的資產數字化方式，其通過分布式賬本技術（DLT），將現實世界資產轉化為數字代幣。然而，這種新技術同時帶來了新風險，如技術風險、欺詐風險和市場操縱風險。金管局指引中強調，即使是以代幣化形式存在的產品，也應受到現行有關產品銷售的監管規定及投資者保障措施的覆蓋，這顯示了金管局在鼓勵創新的同時，對投資者保護的高度重視。

代幣化產品既然提供了新的投資機會，也可能增加投資者面對的複雜性和風險。金管局指引中的盡職審查與風險管理要求，確保了認可機構必須對代幣化產品進行全面的風險評估，並對投資者進行充分的風險披露。這不僅有助於提升投資者對這一新興資產類別的信心，同時也推動了整個金融產業對虛擬資產相關的風險管理的重視。

指引中對於代幣化產品分類的討論，尤其是對於不屬於《證券及期貨條例》規管範疇的產品，表明了金管局對未來金融市場可能出現的新產品和服務的預見。這不僅顯示出金管局對市場發展趨勢的敏感性，也為未來可能出現的新型金融工具提前建立了監管框架。

值得稱讚的是，金管局在指引中堅持了技術中立的原則，不將監管的焦點放在特定技術上，而是著眼於產品本身的性質、特點及風險。這種做法不僅避免了對特定技術的傾斜或鎖定，對於新產品和服務的發展也提供更大的自由度和空間。

金管局的指引在設計時，也顯示出了對現行法規的靈活適應性。代幣化產品的快速發展和多樣性，要求法規必須有足夠的靈活性，以適應新產品的特點。然而，這種彈性也帶來了挑戰，因為它要求銀行和監管機構必須不斷地更新他們的知識和監管工具，以跟上市場的變化。

金管局的代幣化產品和虛擬資產託管指引是一次勇敢的嘗試，旨在在金融創新和消費者保護之間找到平衡點。這些指引不僅提供了清晰的監管框架，還強調了銀行應對新技術和新市場保持開放與謹慎的態度。然而，這樣的平衡是動態的，需要不斷的調整和完善。金管局和銀行業界需要持續對話，共同開發既能促進創新又能保障市場穩定的監管策略。

在未來，我們可以預見到更多的產品和服務將會出現在這個領域，而這將需要所有參與者——監管機構、銀行業、技術公營商和投資者共同努力，建立一個更加安全、透明和高效的金融生態系統。只有通過持續的監管創新和市場教育，我們才能確保金融科技的巨大潛力得到充分發揮，而不會為市場帶來不可控的風險。

金融監管既要為投資者提供保護，也要為市場提供發展推動力。這一系列指引的發布，不僅是對新興金融活動的監管，更是對整個金融行業未來發展方向的指引和推動。這些政策的成功實施，將對整個金融行業的健康發展起到至關重要的作用。

# 數碼港元
## 彰顯應用價值

香港要維持國際金融中心的地位，需要不斷進步，數碼經濟和 Web3.0 如流捲至，其中數碼港元與穩定幣的監管成為市場熱議。

2023 年 10 月香港金融管理局（金管局）出台《「數碼港元」先導計劃第一階段報告》，同年 12 月則與財經事務及庫務局合作，發布了穩定幣法規公眾諮詢文件。

回望香港的數碼支付發展史，從 25 年前引領世界的八達通，到無處不在的信用卡支付，再到近年來因消費券而火速普及的二維碼支付，市民的選擇多如繁星。面對支付方式選擇繁多的市場，政府推出的數碼港元究竟能在這場競爭中脫穎而出嗎？

### 成推動 Web3.0 生態圈關鍵

數碼港元擁抱的央行數碼貨幣（CBDC）概念，在分布式帳本技術（DLT）的系統架構支撐下，展現三大特色：可編程性、代幣化和即時交收。這不僅為支付創新奠定了基礎，更是推動香港成為 Web3.0 生態圈重要一員的關鍵，且對於商戶的資金流動管理提供實質幫助。

金管局《「數碼港元」先導計劃第一階段報告》在全面支付、可編程支付、離線支付等範疇，著眼於滿足當下的支付需求；而代幣化存款、Web3.0 交易結算、代幣化資產結算等三項，曾有論者認為「離地」，但筆者反而認為這是金管局的超前部署，而且正好對應證監會關於代幣化資產的監管政策，為預備迎接

Web3.0 時代的到來鋪路。

在 2023 年 11 月 2 日證監會發布兩份通函，分別為《關於代幣化證監會認可投資產品的通函》及《關於中介人從事代幣化證券相關活動的通函》。證監會認為，代幣化證券本質上仍是傳統金融工具，只是加上「以代幣化作為包裝」，例如代幣化債券，實際上仍是債券。因此，除須遵守適用於傳統證券的現行法律和監管要求外，亦須遵守額外的監管要求，以應對代幣化和 DLT 特有的新風險，特別是技術風險、網絡安全風險和所有權風險。

## 充當虛擬資產交收工具

隨著市場對現實世界資產（RWA）代幣化，和類似項目的興趣日益增加，通函對於代幣化證券和投資產品相關活動的監管要求和期望提供及時的指引，同時為代幣化認可產品的發售開綠燈，提供 Web3.0 市場的正面發展。數碼港元計劃正正可以為代幣化證券和資產，充當對應的交收工具。

在代幣化資產結算的測試計劃中，金融科技公司 ARTA-Emali 測試使用模擬數碼港元，作為認購基金的原子化結算，以及通過使用智能合約，直通整合上下游中介機構，例如分銷機構、基金經理、基金管理員等的營運流程。當投資者下單認購基金後，他們的數碼港元，就會首先被託管到智能合約下的金庫（Vault）中，只有當基金經理將代幣化基金交付給投資者時，數碼港元才會釋放給基金經理。

在這種銀貨兩訖（DvP）模式下，基金經理知道並有信心投資者已經預付資金，也就有動機盡快完成交易，以便接收投資者的資金。這種直通式原子化結算方式，可以減少營運負擔，同時，投資者享受更快的交易執行，並更及時進入市場，例如認購代幣化債券時，可以使他們額外早一天獲得利息收入。

## 助各類代幣化產品發展

其實在證監會發出關於代幣化證券的通函後，市場上已經陸續推出各款代幣化產品。例如在代幣化債券方面，2023 年 2 月香港政府率先發行的代幣化綠色債券，同年 6 月上市公司中國信息科技（08178）也發行了代幣化債券，並且是全球首隻應用數碼擁有權代幣標準（DOT Standard）的債券。2024 年 1 月，廣發証券（01776）的香港子公司成功在以太坊上發行了首批代幣化債券，總額一億美元。同年 2 月初，瑞銀集團推出了香港首隻代幣化認股證，用的是瑞銀內部代幣化服務供應商 UBS Tokenize 的鏈上發行框架。

至於代幣化基金，2024 年 1 月嘉實資產管理推出一隻固定收益的代幣化基金，專門投資於評級較高的美國債券，這是首個由中資機構推出的代幣化基金。雖然這隻基金限制給專業投資者，但是基金經理已經向證監會申請，推出供散戶認購的代幣化基金。

可以預見，隨著監管機構對代幣化證券的方向和監管明朗化後，各方發行人都在積極準備推出代幣化產品。而要凸顯代幣化產品的優勢，在交收、結算和營運上，合理地交易雙方都會使用數碼貨幣。為免市場需要落在流通的加密貨幣和穩定幣上面，香港政府推行數碼港元是應有之義，這樣才能更好發展香港成為 Web3.0 樞紐，鞏固國際金融中心的地位。

陳穎峯

# 柴犬幣：從迷因到生態系統的演化之路

柴犬幣（Shiba Inu，簡稱 SHIB）從 2020 年的一個網絡笑話演化，迅速成為加密貨幣世界中一個不可忽視的現象。在其創立四周年之際，我們可以回顧這一路走來的轉變和成就，以及它對整個加密貨幣生態圈的影響，了解可以它可以持續發展的要素。

## 柴犬幣的起源

柴犬幣由匿名創始人 Ryoshi 於 2020 年 8 月創立，起初僅為模仿狗狗幣（Dogecoin）的另一種迷因幣（meme coin）。然而，柴犬幣的發展超出了許多人的預期，它不僅建立了自己的社區 ShibArmy，還逐步發展出了多樣化的代幣和去中心化應用程式（DApps）。

柴犬幣最初僅有 SHIB 代幣，但很快發展出 LEASH 和 BONE 兩種代幣，並建立了 ShibaSwap 去中心化交易所。此外，柴犬幣還涉足了非同質化代幣（NFT）、去中心化金融（DeFi）和元宇宙等領域，建立了一個綜合性的加密生態系統。

## 技術創新和社區參與

ShibaSwap 是柴犬幣生態系統中的核心，提供了流動性池、質押和收益農場等功能。社區成員不僅可以交易和質押代幣，還可以通過持有 BONE 代幣參與到生態系統的治理中。這種由下而上的參與和治理模式是柴犬幣成功的關鍵因素之一。

柴犬幣的社區治理模式作為生態系統中一個重要的角色，它依靠社區成員的積極參與來驅動整個平台的發展和決策。具體運作的要素包括：

首先有治理代幣 BONE，柴犬幣生態系統引入了 BONE 的目的，是讓社區成員能夠參與到 ShibaSwap 平台的治理過程中，持有 BONE 代幣的用戶可以投票表決各種提案，從而直接影響到生態系統的運營和未來發展。

然後是提案和投票，社區成員先在治理平台上提出提案，可能涉及新功能的添加、協議更新、資金分配等重要事宜。提案需要獲得足夠的支持才能進行投票表決。BONE 代幣持有者根據其持有量的比例來投票，表決結果將決定提案是否通過和實施。

此外，柴犬幣的社區治理是通過去中心化自治組織（DAO）的形式實現。在 DAO 中，沒有中心權威機構來做出決策，所有重要的決策都是通過社區成員的共識來達成。這種模式增強了平台的透明度和公平性，同時也提高了社區成員的參與度和歸屬感。

不可不提激勵機制，設計是為了鼓勵社區成員參與治理。例如，參與質押和提供流動性的用戶，可以獲得 BONE 代幣作為獎勵，這些代幣不僅可以用於交易，也可以用於參與生態系統的治理。

最後是透明和開放的討論，柴犬幣社區通過如 Telegram、Reddit 等社交平台進行。這些討論有助於形成共識，也使社區成員對即將進行的投票和提案有更好的理解和準備。

柴犬幣的社區治理模式展示了一個以社區為中心、利用區塊鏈技術和代幣激勵來實現真正去中心化管理的案例。這種模式不僅提高了生態系統的參與度和活躍度，也為其他加密貨幣和區塊鏈項目提供了可借鑑的治理框架。

## NFT 和元宇宙的探索

柴犬幣總數 10,000 的 NFT 收藏品「SHIBOSHIS」、元宇宙項目「SHIB: The Metaverse」、提供更快交易速度和更低成本的 Layer-2 方案「Shibarium」、基於柴犬幣生態系統的沉浸式遊戲「Shiba Eternity」，都展示了柴犬幣如何將區塊鏈技術的應用推向新的領域。這些創新不僅增加了生態系統的多樣性，也為用戶提供了新的互動方式和價值創造途徑。

## 挑戰與批評

儘管柴犬幣取得了顯著的成功，但迷因幣的起源也為它帶來了不少批評。高波動的價格和以炒幣為主的價值驅動方式，讓柴犬幣和其他類似項目受到了一定的質疑。此外，加密貨幣市場面臨的監管壓力，也是柴犬幣未來發展需要面對的挑戰。

最後，柴犬幣的故事是加密貨幣從邊緣到主流的縮影，它證明了即使是基於迷因的項目，也能透過強大的社區支持和不斷創新的技術形成豐富的生態系統。作為投資者或參與者，重要的是認識到這種項目既有巨大的增長潛力，同時也伴隨著相應的風險。無論未來路怎樣，柴犬幣都已在加密貨幣的世界中留下了獨特的印記。對於那些對加密貨幣持開放態度的人來說，柴犬幣的故事也許提供了豐富的洞見和啟示。

# 數字人民幣錢包增值：「轉數快」向跨境支付再邁出一步

2024 年 5 月 17 日，香港金管局宣布擴大數字人民幣在香港的跨境試點，重點包括：香港居民只需使用香港手機號碼就可以開立數字人民幣錢包，並在內地的試點商戶使用，四大行在香港的子行會推出和營運錢包，以及可以透過「轉數快」為錢包增值。雖然暫時不支援個人轉賬，但是已經方便香港人北上消費。

這次擴大數字人民幣在香港測試的其中一個特點，筆者認為是除了支持 Visa 或 Mastercard，更加支持「轉數快」增值，這應該是金管局加大力度推動「轉數快」作為支付應用和跨境應用的重要一步。「轉數快」推出初期集中於個人轉賬的應用，近年金管局則著力推動「轉數快」支付方面的應用，根據金管局總裁李達志在 2024 年 3 月底的網址指出，「轉數快」的支付應用包括錢包增值、賬單繳付和商戶支付，已經佔交易量近五成。

此外，2023 年底金管局和泰國央行合作，互聯香港的「轉數快」和泰國的 PromptPay，讓香港人可以在泰國掃描 PromptPay 二維碼支付，好處除了方便快速，另外就是在 Visa 和 Mastercard 以外的另一個選擇，可以避免高昂的手續費。今次透過「轉數快」為數字人民幣錢包增值，再進一步加強「轉數快」的跨境支付應用。

筆者認為，在「轉數快」網上支付的客戶體驗方面，金管局和政府可以帶頭做得更好。使用「轉數快」支付，最簡單直接的方法是掃描二維碼，現在有提供「轉數快」繳費二維碼的包括稅單、差餉單、水費單等等，但是仍未全面實行到政府所有的網上繳費應用上面，例如交通罰單。政府部門和公共服務機構應該加快步伐，全面加入「轉數快」二維碼作為繳費方式，以提升市民的繳費體驗和效率。

## 可預見「轉數快」的發展機遇

1. 跨境支付的便利與優勢：隨著數字人民幣試點的擴展，「轉數快」在跨境支付的應用上得到了極大的拓展機會。加上政府推動區域間經濟交流和人員往來的增加，跨境支付需求將會日益增長。「轉數快」若能成功與更多國家的支付系統對接，將大大提高跨境支付的便捷性和效率。例如，與更多東南亞國家的支付系統互聯互通，將為香港和這些國家的商業和旅遊往來，提供極大的便利。這不僅提高了支付的便利性，也降低了交易成本。跟傳統的 Visa 和 Mastercard 相比，「轉數快」提供了一個高效且費用更低的選擇。

2. 政府與商戶的支持：政府和金融機構的積極支持，是「轉數快」發展的重要推動力。首先政府部門和公共服務機構的全面推廣，將大大提升「轉數快」的應用量。商戶方面，尤其是中小企業，「轉數快」相比其他支付方式具有更低收費的優勢，如果能夠積極配合官方的推廣，將有助於吸引更多的消費者使用，從而提升自身的競爭力。

3. 技術的進步與創新：隨著金融科技的不斷發展，「轉數快」在技術上的進步和創新也為其提供了發展空間。「App-to-App」、「Web-to-App」的應用、「可疑識別代號警示」、多重身份驗證等安全措施的應用，將進一步提升用戶體驗和防範詐騙的保障。此外，技術進步也使得「轉數快」可以與更多的支付場景相結合，拓展應用範圍。

## 「轉數快」面對的挑戰

1. 安全與隱私保護：隨著數字支付的普及，安全和隱私保護問題變得尤為重要。數據洩露、賬戶被盜等風險，都是「轉數快」要面對和解決的挑戰。政府和金融機構必須採取嚴格的安全措施，保護用戶的個人信息和資金安全，從而增強用戶的信任。

2. 用戶教育與普及：雖然「轉數快」在技術上具有優勢，但對很多普通用戶來説，接受和習慣使用仍需一個過程。政府和相關金融機構需要加大對市民的教育和宣傳力度，讓更多人了解和掌握使用方法和優勢。只有當大多數市民都熟悉並接受，這一支付方式才能充分發揮其潛力。

3. 技術兼容與標準化：「轉數快」需要與其他支付系統和商戶系統進行兼容和整合，這對成本有一定的要求。商戶要聚合不同的支付平台要花費資源和時間，這給「轉數快」的推廣帶來了一定的挑戰。要克服這一問題，需要政府、金融機構和支付平台共同努力，提供更具效益的聚合支付方案，確保「轉數快」能夠順暢地與各類支付場景兼容。

4. 市場競爭與壟斷風險：隨著金融科技的快速發展，市場上的支付方式和平台也層出不窮。「轉數快」要在激烈的市場競爭中脱穎而出，對其功能、服務和用戶體驗有更高的要求。此外，如何維持市場競爭，確保在公平的市場環境中運行，也是需要考慮的重要問題。

## 對未來支付市場發展的展望

1. 多元化應用場景：隨著技術的不斷進步，「轉數快」有望在更多的應用場景中發揮作用。除了現有的支付、賬單繳付、商戶支付等功能，還可以進一步拓展到交通、醫療、教育等領域。例如，市民可以使用「轉數快」支付地鐵票、醫療費用、學費等，從而實現真正的一站式支付體驗。

2. 數字經濟的推動力：「轉數快」作為數字支付的重要組成部分，有望成為推動數字經濟發展的重要力量。隨著數字經濟的不斷發展，數字支付系統的完善和普及將成為重要的基礎設施。「轉數快」可以通過提高支付效率、降低交易成本，促進經濟活動的數字化轉型，推動整體經濟的發展。

3. 促進普惠金融：「轉數快」的普及和應用還有助於促進普惠金融。傳統的信用卡支付無法覆蓋所有人群，特別是低收入階層、未成年人和長者。「轉數快」作為一種便捷且低成本的支付方式，可以幫助這些人群更容易地進入金融體系，享受基本的金融支付服務。

4. 增強支付系統的韌性：「轉數快」還可以增強整體支付系統的韌性。多一種支付方式，就多一層保障。在天然災害、地緣政治危機等特殊情況下，某些支付系統可能會受到影響，而「轉數快」可以作為一種災備方案，確保香港金融支付系統的穩定運行。此外，還可以分散金融風險，避免被單一支付系統壟斷所帶來的風險。

5. 促進數據驅動的決策：「轉數快」產生的數據可以為政府和企業提供寶貴的信息，幫助他們做出更精確的決策。例如，通過分析交易數據，政府可以更好地了解市民的消費行為和需求，從而制定出更切合實際的政策和措施。企業也可以通過這些數據，優化業務流程，提高運營效率。

總的來說，「轉數快」在香港和跨境支付領域的發展，既面臨機遇，也充滿挑戰。政府和金融機構需要通力合作，克服技術、安全、用戶教育等方面的困難，推動「轉數快」支付的普及和應用。同時，「轉數快」的發展也需要得到廣大市民和商戶的支持和參與。只有在各方的共同努力下，才能真正發揮其潛力，成為香港和跨境支付的重要力量，推動數字經濟的繁榮發展。

# 政策倡拓 Web 3.0 金融應用

陳穎峯

2024 年 8 月份，民建聯與業界人士合作發表了「新質生產力——賦能 Web 3.0 在金融業的應用發展」政策倡議書（倡議書），旨在推動 Web 3.0 技術在香港金融業的應用和發展。作為一個主要政黨，這一舉措表明了香港希望通過創新技術來帶動新經濟，進一步鞏固其作為國際「新金融」中心的地位。本文嘗試拋磚引玉，逐項探討這些建議，後面有哪些具體的工作內容，希望這些政策能夠盡快落地推進，加速香港作為國際「新金融」中心的發展。

## 基礎區塊鏈平台的建設

倡議書建議香港支持研發基礎區塊鏈平台，因為現實中已經存在多個成熟的公共區塊鏈生態系統，如以太坊和 Solana，這些平台擁有廣泛的使用者和應用場景。相比於從零開始建設一個全新的平台，香港更快速的方法是在現有的主流公鏈上構建自己的 Layer 2 應用和場景。這種做法不僅更符合香港的金融應用需求，也能在安全性、合規性、成本和效能方面提供更好的保障。

## 「智方便」平台的數碼身份應用

在「智方便」平台中納入數碼身份（DID）是另一項建議。數字政策專員黃志光指出，當時「智方便」的登記人數已經有 290 萬，超過香港人口的三分之一。這主要是因為「智方便」目前可以作為身份認證、登入、填表、繳費，如果再加上實現作為電子香港身份證（eID）的初衷，就更可以使「智方便」真正成為數碼身份工具，並推廣其在更多 Web 3.0，甚至電子政務上的應用。

## Web 3.0 加密數字領域的合規監管

在 Web 3.0 加密數字領域的合規監管方面，香港一向採取的是「相同業務、相同風險、相同監管」的原則，因此不同業務和產品由不同的監管機構監管，容易造成協調甚至資源短缺的問題。面對虛擬資產這一個新興金融行業和資產類別，建議可以設立一個統一的監管機構來負責監管，類似於政府將不同 IT 部門整合到數字政策辦公室的做法，這樣可以提高監管的效率和統一性。

## Web 3.0 與傳統金融的創新結合

傳統金融機構對虛擬資產的抗拒，一直是 Web 3.0 推廣中的一個障礙。許多虛擬資產相關公司面對在銀行開戶的困難。解決這一問題的辦法，建議加強對傳統金融機構進行教育和培訓，使他們能夠更明白、理解地分析和管理關於區塊鏈、Web 3.0 和虛擬資產的風險，從而加快融合 Web 3.0。

## 推動發行港元穩定幣

倡議書建議推動發行港元穩定幣，但港元主要在香港本地使用，跨境流通量和別國儲備使用量有限，經濟規模較小。相較之下，更具可行性的是推廣在香港發行合法合規的主流貨幣穩定幣，如人民幣、歐元等等。這樣不僅能發揮香港作為國際金融中心的角色，也更有助香港於全球合規穩定幣市場的發展。

## 現實資產數字化和代幣化

要實現現實資產的數字化和代幣化，其中一個必要條件是相關的法律文件和合約必須電子化。在香港，電子簽名的應用是法律承認的，大多數合同都承認電子簽名，當然有一小部分合約被排除在《電子交易條例》之外，例如信託文件、《印花稅條例》要求加蓋印花或背書的文件（如租賃、出售物業、出售股票）、有關土地和財產交易的文件等。這些文件在香港需要使用傳統的墨水簽名才被視為有效。因此，對於如房地產等現實資產，在香港要實現擁有權的代幣化，建議可以盡快合法化電子簽名應用在這些場景。

總的來説，倡議書展示了香港政黨推動 Web 3.0 技術應用的決心。為了使這些建議能夠更有效落地推進，需要在技術選擇、監管框架、法律環境等方面推行後續的具體跟進工作。通過政黨和業界一起攜手的這些努力，香港必定能夠在 Web 3.0 時代繼續保持國際「新金融」中心的領先地位。

# 社交媒體：
## 黑客攻擊虛擬貨幣行業新戰場

在當今數字化時代，虛擬貨幣行業因為創新性和流動性而日益受到關注。然而，吸引正當投資者的同時，也吸引了包括黑客在內的各種犯罪者，他們利用精密的社交工程技術來進行網絡攻擊。根據美國聯邦調查局（FBI）的警告，北韓黑客正在進行系統性的社交媒體攻擊，目標直指虛擬貨幣公司的核心——員工。

### 社交工程的高級手法

北韓黑客首先會利用社交媒體平台對目標進行詳盡的背景調查，收集目標員工的個人信息，例如參加的活動、人際關係和關聯組織等。然後用這些信息來構建極具吸引力的虛假場景，例如提供非常像真的工作機會和投資機遇，甚至冒充熟人發出求助請求。

這些黑客通常在 LinkedIn 等專業網絡，或直接在社交媒體平台上發起聯繫請求，然後利用共同的興趣、話題和關係建立信任。一旦建立起聯繫，便開始與受害者進行長時間的對話，逐步增加信任感，最後在最不警惕的時候部署惡意軟件或其他工具。

這些工具可能偽裝成無害的文件或連結，甚至嵌入在看似真實的求職申請或投資建議中。這些攻擊目標明確，就是要竊取虛擬貨幣資金，以資助北韓的非法活動。

在探討北韓黑客對虛擬貨幣行業的影響時，雖然許多具體案例未公開詳細的信息，以避免安全隱患，但以下幾個例子仍然能夠一定程度上，展示這些黑客攻擊的潛在影響和後果：

2017 年孟加拉銀行盜竊事件：雖然主要涉及傳統銀行系統，但這事件展示了國家支持的黑客，如何透過精心策劃的網絡攻擊，對金融機構造成重大影響。北韓被指控參與這次透過 SWIFT 系統的攻擊，透過非法調動並試圖盜取約 10 億美元。雖然這不是虛擬貨幣攻擊，但顯示了北韓黑客對金融系統的關注和能力。

2018 年 Coincheck 黑客事件：在這事件中，日本的一個虛擬貨幣交易所 Coincheck 遭到黑客攻擊，導致約 5.3 億美元的 NEM 幣被盜。雖然直接指向北韓的證據不足，但全球多個安全研究團隊注意到，這次攻擊與北韓黑客活動模式相似，包括利用社交工程和釣魚攻擊來獲得內部系統訪問權限。

2019 年 Upbit 黑客事件：在這次攻擊中，韓國最大的虛擬貨幣交易所之一 Upbit 遭到黑客攻擊，導致價值近 5,000 萬美元的以太坊被盜。雖然沒有直接指向北韓的證據，但研究人員注意到，此次攻擊也與北韓黑客活動有類似的操作手法。

2021 年至 2023 年 Lazarus Group 多次對 DeFi 攻擊：被認為與北韓有關的 Lazarus Group，涉嫌多次針對虛擬貨幣交易所和 DeFi 平台進行攻擊。這些攻擊通常包括使用釣魚郵件、惡意軟件和其他社交工程技巧來竊取數字貨幣。例如，他們曾使用定制的 Telegram 應用程序，來入侵虛擬貨幣交易所的系統。

通過這些案例可以看出，北韓黑客通常同時採用多種策略，包括社交工程、釣魚攻擊和高級持續威脅（APT）等手段來達到目的。這些攻擊不僅導致巨大的經濟損失，還影響全球對虛擬貨幣市場的信心。因此，對虛擬貨幣相關企業和個人來説，加強安全意識和防護措施是至關重要。

## 防範措施與建議

對於虛擬貨幣行業的公司和個人來說，面對這樣的威脅，警惕性和防禦措施必須跟上黑客的攻擊手法。FBI 建議：

- 通過多種渠道驗證聯繫人身份
- 避免執行不明來源的代碼或下載文件
- 採用強密碼和雙因子認證（2FA）
- 經常保持軟件和系統更新
- 向執法機構報告任何可疑活動

此外，企業應該加強員工對於社交工程攻擊的培訓和意識，幫助他們識別和防範這些精心設計的陷阱。

隨著虛擬貨幣行業的蓬勃發展，相關公司和個人成為了北韓等國家支持的黑客組織的主要目標。這些組織不僅利用傳統的網絡攻擊手段，更擅用社交工程技術在不知不覺中滲透和竊取重要資訊。因此，持續的警惕和適當的防範措施，對於保護數字資產是至關重要。在這個信息時代，在享受技術帶來便利的同時，必須保護自己以免受到來自各方的網絡威脅。

陳穎峯

# 後量子時代的區塊鏈
## 安全和產品創新

近年區塊鏈技術發展迅速，其中資產代幣化（Asset Tokenisation），更是區塊鏈在金融行業最炙手可熱的應用。Tokenisation 項目將資產如黃金、房地產等數碼化，以代幣形式記錄儲存在區塊鏈上，令資產更容易分拆，提高流動性，因此更易於交易。這為投資策略帶來全新的可能，亦可以為低流動性的資產類別提高流通性。Boston Consulting Group 估計，到 2030 年代幣化資產的全球市值將達 16 萬億美元。

然而，區塊鏈其中一個逐漸冒起的風險是，隨著量子電腦的發展，目前的加密技術將面臨被破解的網絡風險。量子電腦的運算能力遠超傳統電腦，理論上可以輕易破解目前的 RSA 及 ECC 等加密算法。雖然區塊鏈本身具高度安全性，但作為核心技術的加密算法，日後也可能受量子電腦攻擊威脅。要維持以至提升區塊鏈的安全性，展望未來，其中一種方案是採用「後量子加密」（Post Quantum Cryptography，PQC）技術。

### 推出後量子黃金代幣

匯豐銀行在此方面走在前沿，之前它率先為機構投資者提供以區塊鏈形式代幣化的實物黃金。其後在 2024 年年初，更在香港推出小額「滙豐黃金代幣」，讓零售投資者亦可參與和擁有代幣化黃金。這些產品都是運行在它的 Orion 數碼資產平台上。

為應對未來的量子電腦威脅，匯豐有在積極尋找方案，最近就在網站上發布一份白皮書，提出以後量子安全技術保護它的黃金代幣系統。白皮書提及，該行與量子技術公司 Quantinuum 合作，在黃金代幣平台上試行後量子加密技術，保護滙豐黃金代幣的安全。這是首次在黃金代幣應用 PQC 技術，代表匯豐探索保護關鍵區塊鏈系統，免受量子電腦未來的攻擊。

匯豐和 Quantinuum 的方案是建立利用 PQC 加密的虛擬私人網絡（VPN）。PQC VPN 可以在短期內保護現有的區塊鏈生產系統，而無需重新架構系統。在測試中，他們在不同地點建立節點組成分布式網絡，再利用 PQC VPN 連接這些節點。測試發現，PQC VPN 幾乎沒有影響到網絡速度。相比直接在區塊鏈內部部署 PQC，透過 VPN 方法更具成本效益，而且對現有系統影響較小，實行較簡單。

該項目達成多個目標：首先，證明黃金代幣可在不同區塊鏈間互通（Interoperable）；其次，用 PQC 技術可以保障不同鏈之間的安全；最後，可將黃金代幣轉換為以太坊代幣 ETH，增加可互通性。這個試行項目可以説是引領資產代幣化的安全發展。

## 港初創擬推後量子穩定幣

似乎，後量子時代即將來臨。香港 2024 年亦有金融科技初創宣布，計劃發行全球首個後量子穩定幣，應用後量子加密技術保護交易和資產。該穩定幣採用與美元 1:1 掛鈎，並通過後量子加密算法來保障交易安全，讓用戶在不擔心量子電腦風險的情況下進行交易和投資。具備量子電腦攻擊抗性的穩定幣，有助加強企業的信心，有望成為企業進行跨境交易、供應鏈融資和財資管理的理想工具。

## 後量子時代的監管挑戰

後量子黃金代幣和後量子穩定幣，雖然在技術上提供了新的安全保障，但在監管層面也引入了一系列的挑戰。這些挑戰不僅關乎新技術的實施，還涉及如何在現有的法規框架內整合和監管這些創新產品，包括：

1. 監管適應性：後量子穩定幣引入的新技術，如後量子加密（PQC），可能超出現有法規的覆蓋範圍。監管機構需要更新或擴展法規來處理這類技術。這要求監管機構對量子計算和後量子加密技術有深入的理解，以制定有效的監管政策。

2. 安全性驗證：雖然後量子技術旨在提供對抗量子電腦攻擊的保護，但監管機構需要確定這些技術的安全性和有效性。這包括對後量子算法的安全性進行評估，確保它們能夠如預期提供高級別的保護，並且不會製造或引入其他的弱點或後門。監管機構可能需要與技術專家合作，進行徹底的測試和驗證。

3. 跨境合作和標準化：由於加密貨幣和穩定幣的跨境性質，後量子穩定幣的監管需要國際間的合作和協調。這包括制定共同的技術標準和監管框架，以便在全球範圍內有效監管這些穩定幣。國際合作可以幫助避免監管套利，並確保廣泛的市場安全。

4. 透明度和披露要求：後量子穩定幣的發行和運營需要高度的透明度，以增加用戶的信任和認受性。這可能要求發行者提供詳細的技術資料和安全性證明，並遵守嚴格的資訊披露規則。監管機構需要確保這些資訊是準確性和及時性，以保護投資者和用戶的利益。

5. 消費者保護：隨著後量子區塊鏈產品的引入，監管機構必須確保適當的保護措施到位。這包括教育和提升公眾對後量子技術的認知，提防不法分子濫用甚至使用新科技名詞欺詐市民大眾。

隨著技術的發展和量子計算的進步，後量子加密技術在金融科技領域的應用將日益增加。未來，我們可以預見，無論是政府還是私人機構，都將逐步採納這一技術來保護敏感的金融交易，免受未來量子電腦攻擊威脅。

總之，後量子加密技術為金融科技界帶來了新的機遇和挑戰。隨著更多相關產品和應用的推出，如後量子黃金代幣，後量子穩定幣等等，將有助於推動區塊鏈行業邁向更高的安全標準。對於投資者和市場參與者而言，了解和適應這些新技術將是未來成功的關鍵。

陳穎峯

# 特朗普如何看加密貨幣的主流化趨勢？

2024 年 7 月底，現任美國總統、當時的共和黨總統候選人特朗普（Donald Trump），在田納西州納什維爾舉行的 2024 比特幣大會上，發表了一場長達 50 分鐘的演講，積極支持加密貨幣，並提出將美國打造成「全球加密貨幣的首都」。這一事件不僅是特朗普個人對加密貨幣的強力支持，更象徵了加密貨幣已逐步從邊緣市場走向主流經濟的中心舞台，對政治及經濟格局帶來深遠影響。

再帶到當年的 8 月 5 日，加密貨幣市場經歷了多年來最「熊」的一天。這次的急跌，與日本央行首次在 17 年內，將短期政府債券的利率從 0% 提高到 0.25% 有關，這次政策改變引發了全球市場波動，包括加密貨幣市場。這一次加密貨幣與主流股市同步下挫，無疑是另一證明加密貨幣漸漸接近主流資產，表明幣圈投資者、市場行為，都愈來愈受到與傳統金融市場相同的宏觀經濟因素的同步影響。

## 特朗普的具體政策建議

特朗普在 2024 年 7 月 27 日的演講中提出了幾項重要政策建議，旨在將加密貨幣，特別是比特幣正式納入美國的國家戰略，50 分鐘演說的要點包括：

1. 建立戰略性比特幣儲備：特朗普計劃創建一個由美國政府持有的比特幣儲備，所有現有及未來獲得的比特幣，將 100% 保留作為國家戰略儲備的核心。

2. 設立比特幣和加密貨幣顧問委員會：委員會的任務是在

特朗普上任後的首 100 天內，設計出一套透明的監管指南，以利加密貨幣行業的發展。

3. 反對央行數字貨幣（CBDC）：特朗普明確反對美國發行數碼美元，堅稱在他的任期內，絕不會有 CBDC 的出現。

4. 推進加密貨幣挖礦業友好政策：他承諾將制定友好的加密挖礦業政策，以保持行業在美國的競爭力，避免行業外移。

5. 擴大穩定幣的安全擴展：提出建立框架以安全地擴展穩定幣的使用，進一步強化美元的全球主導地位。

6.「You are fired!」：特朗普表示，一旦他重新當選，他將在第一天解僱時任美國證券交易委員會（SEC）主席 Gary Gensler，以終止他對加密貨幣行業的迫害。

## 政策的可行性和建設性

特朗普的政策建議，顯示了他對加密貨幣行業的極大支持，當然他的演講不是信口雌黃，一定是經過他和他背後的團隊細心分析和謀劃，但這些政策的實施可行性和潛在影響仍需仔細分析。

首先在政策實施的可行性方面，建立比特幣戰略儲備，聽起來是一個大膽的計劃，但考慮到比特幣價格的高波動性，這一政策的經濟穩定性和實際效用有待驗證。其次是監管遇到的挑戰，解僱 SEC 主席可能會在短期內減少對加密貨幣行業的監管壓力，但長期看，可能對投資者保護和市場穩定性發出一個負面的訊號。

至於在國際間的影響，美國若大力推動加密貨幣，可能會激起其他國家相應的反對行動，進而影響全球金融市場的穩定。最後可能會引起技術與安全挑戰，加密貨幣的主流化，將會帶來更多的技術和安全挑戰，需要國家層面重視投入相應的資源。

特朗普的演講及其政策提議，可能是將加密貨幣正式納入國家戰略的一個轉折點，象徵著政治領袖開始正視加密貨幣的潛力和挑戰。然而，這些提議的實施仍然充滿挑戰，需要在創新與監管、自由與安全之間找到平衡。未來的路如何走，將是一個需要所有政策制定者、政經學者、監管機構和市場參與者共同面對的重大課題。

# 跨界合作：
# 資產代幣化聯乘綠色金融的新視野

隨著全球金融市場的不斷變革與創新，資產代幣化已成為一個熱門話題，尤其是在綠色和可持續金融領域的應用。在香港，金管局的 Ensemble 項目就是一個創新的數字貨幣平台，它不僅推動央行數字貨幣的發展，還特別支持綠色金融的發展。

2024 年 8 月 28 日金管局舉行了 Ensemble 項目沙盒（沙盒）啟動儀式，該項目的首階段測試將聚焦於四大核心領域：固定收益和投資基金、流動性管理、綠色和可持續金融、以及貿易和供應鏈金融。這些領域的選擇不僅反映了當前金融市場的熱點問題，也指向了未來金融科技發展的關鍵方向。

此次沙盒測試吸引了中銀、滙豐、恒生、渣打四大銀行，與及多家金融科技公司參與，顯示出業界對於探索和實現數字貨幣和代幣化資產的高度重視和期待。沙盒目的是為了驗證「代幣化資產」、「代幣化存款」和「批發型央行數字貨幣（wCBDC）」之間的技術互通，而建基於區塊鏈技術，這一選擇可以讓金融的操作不受時間、地點的限制，從而實現全天候、跨時區、跨境的無縫運作。區塊鏈的透明性、高效率、低成本和可追溯性，為全球金融市場帶來了前所未有的機遇，使其成為推動未來金融業發展的關鍵技術。

在這次沙盒測試中，螞蟻集團以兩間獨立運營子公司——螞蟻數科和螞蟻國際積極參與。螞蟻數科透過協助建設了「代幣化資產平台」，參與了「綠色和可持續金融」及「貿易和供應鏈金融」兩個主題的實踐。螞蟻國際則專注於「流動性管理」的主題，展現了在金融科技中區塊鏈領域的深度布局。

其中，螞蟻數科利用其區塊鏈和物聯網技術，協助深圳上市公司朗新科技成功數位化其 9,000 多個充電樁，將現實世界資產（RWA）轉化為上鏈資產。這一技術應用提高了資產收益回報的透明度和評估效率，使朗新科技在香港獲得了首筆約一億元人民幣的跨境融資，有效推動了公司新能源業務的快速發展，亦成為綠色金融聯乘代幣化資產的成功案例，樹立了新的標杆。

另外，HashKey 集團作為 Ensemble 項目架構工作小組中的一員，憑藉在 Web3.0 生態系統中的全面參與，將開創性地探索包括碳信用、綠色資產、以及貨幣市場基金等現實世界資產（RWA）的代幣化及交易機制。HashKey 不僅體現了在推動數字資產創新方面的前瞻性，也顯示了他們對綠色金融應用的積極態度。

資產代幣化是將實物資產轉換成數字代幣的過程，這些代幣在區塊鏈技術的支持下，可以在全球範圍內被交易和管理。這種技術的應用不僅提高了交易的透明度，還增強了市場的效率和流動性，對於綠色資產，包括碳信用、綠色能源項目例如充電樁等來說，這種創新提供了全新的流通和融資方式。

在綠色金融領域，代幣化技術尤其顯示出其獨特的價值。通過將環保項目如電動車充電站等實物資產代幣化，可以吸引更多的投資者參與到環保和可持續發展項目中來。這不僅有助於提高這些資產的資金流和可見度，還能夠為投資者提供實時的資產表現數據，增加投資的透明度和信任度。

金管局的沙盒展示了金融機構、科技公司以及政府機關之間的合作如何能夠推動金融創新。在這個平台上，不同機構共同探索如何透過代幣化技術支持綠色金融項目，從而推動環保目標的達成。例如，螞蟻數科在沙盒項目中就承擔了建設代幣化資產平台的責任，這不僅展示了科技公司在此過程中的技術能力，也突顯了多方合作在創新綠色解決方案中的重要性。

儘管資產代幣化在綠色金融領域提供了諸多機遇，但也面臨著不少挑戰。其中包括監管的不確定性、技術的複雜性、以及投資者和市場的接受程度等。為了克服這些挑戰，需要有更多的政策支持和法規框架，以及教育和培訓，以增強市場參與者對這種新興技術的理解和信任。

展望未來，資產代幣化在綠色和可持續金融領域的應用將可能顛覆傳統金融業的運作方式。隨著技術的成熟和政策的完善，我們可以期待一個更加開放和透明的金融市場，其中綠色金融將扮演愈來愈重要的角色。此外，跨界合作的深化將是推動這一進程的關鍵，因為它可以集合各方面的智慧和資源，共同開發和實施可持續的金融解決方案。

總之，資產代幣化與綠色金融的跨界合作不僅是金融創新的趨勢，也是推動全球可持續發展目標的重要途徑。隨著更多的項目和實踐的推動，這一領域無疑將為投資者和社會帶來額外的價值和改變。

Hermann 的職業生涯始於全球工業巨頭 ABB，後歷任英國通用電氣等跨國企業高管，是產業技術變革的深度參與者。2000 年科網潮推動下，他從工程師拓展至銷售、涉足 VC 併購及風險投資領域。經歷創業挫折與 2008 年金融海嘯洗禮後，他系統研習金融與量化分析，並於 2017 年帶領團隊開發期指演算法系統，成功實現資本積累。2022 年，他整合 20 年產業洞察在香港創立人工智慧選股基金（編號：LF7266034），運用演算法系統交易全球股指期貨及大宗商品。

除商業成就外，Hermann 亦長期關注青少年發展，曾投入 10 多年時間義務擔任教會導師，以言傳身教陪伴學生成長。現任香港投資商學院課程總監、財經專欄作家及 KOL，他始終專注於破譯技術革命中的投資密碼。依託對數學與資料的熱情，其新開發的 Mega7 交易系統正推動 AI 解碼新質生產力，重塑金融投資的未來格局。

# 大數據、演算法與AI投資：讓科技為你的財富增值

「我若能説萬人的方言，並天使的話語，卻沒有愛，我就成了鳴的鑼、響的鈸一般。」——《哥林多前書 13:1》

在這個資訊爆炸的時代、大數據、演算法和人工智能（AI）已經不再是遙不可及的科技詞彙，而是深深融入我們的日常生活成為工具。對於一群年輕的香港中產階層來説，這些技術不僅是職場上的競爭力，更可以成為投資理財的利器。本文將以深入淺出的方式，結合生活化的例子，帶你了解如何利用這些科技趨勢為你的財富增值。

## 大數據：從購物習慣到投資決策

大數據指的是海量、高速、多樣化的資訊，這些數據來自社交媒體、購物記錄、GPS 定位等。簡單來説，大數據就是我們日常生活中產生的「數位足跡」。

你有沒有發現，當你在網上購物時，網頁總能為你推薦感興趣的商品？這是因為電商平台通過分析你的瀏覽記錄、購買歷史和搜尋功能行為，利用大數據預測你的喜好，亞馬遜、淘寶、京東的推薦系統就是大數據最常見的例子。

在投資領域，大數據可以幫助分析市場趨勢、企業財務狀況和消費者行為。例如，對沖基金會利用社交媒體上的情緒數據（如 X、Instagram 上話題的討論熱度）來預測股價走勢。如果你投資股票，大數據可以幫助你更精準地判斷市場動向，避免盲目跟風。

## 演算法：從 Netflix 推薦到量化交易

演算法是一系列解決問題的步驟或規則。在電腦科學中，演算法是用來處理數據、執行任務的核心邏輯。

筆者在 2019 新冠疫情期間，愛上了追看韓劇，當大家在 Netflix 上追劇時，平台會根據你的觀看記錄推薦你可能喜歡的影片。這背後就是一套複雜的推薦演算法，它會分析你的觀看習慣、評分記錄，甚至與其他用戶的相似度，來預測你的偏好。

在金融市場，演算法被廣泛應用於「量化交易」。量化交易通過編寫程式，自動分析市場數據並執行買賣操作。例如，某些基金會利用演算法來捕捉股票價格的微小波動，進行高頻交易，從而獲取利潤。對於普通投資者來說，可以考慮投資於量化基金，讓專業的演算法為你賺錢。

## 人工智能（AI）：從語音助手到智能投顧

人工智能（AI）是指讓機器模擬人類的思考過程，進行學習、推理和決策。AI 的核心是讓機器學習，通過大量數據訓練機器模型，能夠自主演算。

你是否使用過 Siri、Meta 或 Google Assistant 這些語音助手？它們能夠理解你的語音指令並提供相應的服務，這正是 AI 技術的應用。例如，當你問 Siri「今天天氣如何？」時，它會通過自然語言處理技術理解你的問題，並從網絡上獲取最新的天氣數據。Meta glass 又會幫你拍攝照片和視訊、聆聽、交談等等。

在投資領域，AI 最常見的應用是「智能投顧」（Robo-Advisor）。智能投顧平台如 Vanguard, Betterment,

Wealthfront 會根據你的風險承受能力、投資目標和市場狀況，自動為你配置投資組合。例如，香港的 Aqumon, StashAway, Sofi 也是知名的智能投顧平台。它們通過 AI 技術，為你提供低成本、高效率的投資建議，特別適合忙碌的在職人士。

## 如何將大數據、演算法和 AI 應用於投資？

（1）選擇數據驅動的投資工具：現在市面上有許多基於大數據和 AI 的投資工具，例如 TradingView 股票分析軟件、基金篩選平台等。這些工具可以幫助你快速分析市場數據，做出更明智的投資決策。

（2）關注量化基金：量化基金利用演算法和 AI 技術進行投資，通常具有較低的風險和穩定的回報。對於沒有時間深入研究市場的投資者來説，量化基金是一個不錯的選擇。

（3）學習基礎的數據分析技能：雖然不需要成為技術專家，但了解一些基本的數據分析概念和工具，例如 Excel、Python、Pine Script，可以幫助你更好地理解市場動態，提升投資決策的質量。

## 風險與挑戰

雖然大數據、演算法和 AI 為投資帶來了許多機會，但也存在一定的風險。例如，過度依賴數據可能導致忽略市場的不可預測性；演算法交易可能加劇市場波動；AI 模型的預測也可能出現偏差。因此，投資者在使用這些技術時，應保持理性，避免盲目跟風。

鑼和鈸都是敲擊樂器，由於沒有可調節的音階，主要用來營造氣氛和吸引注意力，若沒有配合舞台表演或禮儀進行，它們的鳴響便毫無意義。大數據如果沒有被有效地利用，同樣地會變成一種「嘈雜的鑼、鳴響的鈸」，無法提供實質的價值。要使大數據發揮其真正的潛力，可以考慮以下幾點：

1. 清晰的目標：在收集和分析數據之前，明確投資目標，確保數據分析能夠針對性地解決問題。

2. 適當的工具與技術：選擇合適的數據分析工具和技術，以便有效處理和分析數據，從中提取有價值的見解。

3. 數據質量：確保所用數據的準確性和完整性，避免因數據質量不高而產生誤導性結論。

4. 持續學習與調整：隨著市場和技術的變化，持續調整分析方法和策略，以保持數據的相關性和價值。

通過這些方法，大數據才能真正轉化為具有洞察力的工具，而不是成為噪音。

# 當電腦取代交易員：演算法交易如何重塑金融市場？

「天地不仁，以萬物為芻狗。」——老子

金融市場的運行方式在過去幾十年中經歷了巨大的變革，其中最顯著的變化之一是「演算法交易」（Algorithmic Trading）的興起。隨著技術的進步，筆者眼看很多交易員朋友逐漸被電腦程序所取代，這不僅改變了交易的執行方式，也深刻影響了金融市場的效率、流動性和風險結構。

## 什麼是演算法交易？

演算法（筆者 2017 年以演算法交易進入香港期指市場）是指使用電腦程式基於預定的指令自動執行交易，例如價格、時間、交易量或其他市場條件。這些演算法能夠在極短的時間內處理龐大的數據，並以人類無法望及的速度完成交易指令。

典型的演算法交易應用包括：

• 高頻交易（High-Frequency Trading, HFT）：通過極高的速度執行大量交易，利用市場短暫的不平衡賺取微利。

• 市場製造（Market Making）：提供買賣雙向報價，增加市場流動性。

• 套利交易（Arbitrage Trading）：利用不同市場或資產間的價格差異賺取利潤。

## 演算法交易如何重塑金融市場？

### 1. 提高市場效率

演算法交易通過快速捕捉市場資訊並執行交易，大幅提升了市場的運行效率。這些演算法能夠縮小買賣價差，幫助價格更快地達到均衡，從而提高市場透明度。

### 2. 增加市場流動性

高頻交易和市場製造策略為市場提供了穩定的流動性。這意味著投資者更容易以合理的價格買入或賣出資產，降低了交易成本。

### 3. 重塑交易員的角色

傳統交易員的角色逐漸被程式開發者、數據科學家和量化分析師取代，他們設計並優化交易演算法。這不僅要求金融從業者具備金融知識，還需要熟悉編程、機器學習和數據分析。

### 4. 加劇市場波動性

儘管演算法交易提升了效率，但在某些情況下也可能加劇市場波動。例如，當多個演算法在市場上同時觸發自動賣單時，可能導致閃電崩盤（Flash Crash），如 2019 年 Covid 19 引起美國股市的閃崩就是一個典型案例。

### 5. 簡化全球市場連通性

演算法交易能夠即時處理和分析來自全球各地的市場數據，從而促進了市場的全球化。筆者 2019 年便參與美國期指及外滙市場在全球市場交易。

## 挑戰與風險

儘管演算法交易帶來了諸多好處，但也存在一些挑戰和風險：

1. 技術風險：筆者就親身經歷過券商系統故障、數據錯誤、程式錯誤，導致巨大的財務損失。

2. 市場操縱：有些演算法可能被用於不公平的市場操作，例如「誘導交易」(Spoofing) 交易者下達大量買入或賣出訂單，但並無實際成交意圖。

3. 監管挑戰：由於演算法交易的速度和複雜性，監管機構在監控和規範其行為方面面臨困難。

## 未來的展望

隨著人工智能（AI）和機器學習技術的進一步發展，演算法交易的精確性和適應性將不斷提高，並可能朝以下方向發展：

• 更加智能化：AI 將使演算法能夠學習市場模式，並在動態市場中進行調整。

• 分散化交易：區塊鏈技術可能促進去中心化交易系統的發展，改變現有的市場結構。

• 增強風險控制能力：借助於大數據分析和預測模型，演算法將能更有效地管理風險。

## 結論

「天地不仁，以萬物為芻狗」老子在這裡借助「芻狗」（草扎成的狗）來比喻天地與萬物之間的關係，天地不情感用事，世間萬物都是平等的，沒有高低貴賤之分，一切都是公正的。所以天地很公平，他不會對其中一個好，對另一個壞，一切都是任其自然發展，無論世間萬物如何發展，那都是世間萬物自己的行為，與天地毫無瓜葛。。

演算法交易其實就是一種「不情感用事」的交易方式。它利用數據和數學模型來做出交易決策，而不是依賴於交易者的情感或直覺。這種方法的優點包括：

1. 速度與效率：演算法能夠在毫秒內分析大量數據並執行交易。

2. 客觀性：消除了人類情感的影響，例如恐懼和貪婪，能夠更冷靜地做出決策。

3. 一致性：能夠按照預設規則持續執行策略，減少情緒波動造成的錯誤。

4. 多樣化：可以同時運行多種策略，分散風險。

這些特點使得演算法交易在現代金融市場中愈來愈受歡迎。

# 文藝復興科技公司與大獎章基金的成功啟示

「吾嘗終日而思矣 ，不如須臾之所學也。」
（我曾經終日思量，也不及片刻的學習。）

——《荀子・勸學》

筆者很喜歡「須臾」這一詞語，在一個普普通通的家庭中，我是七兄弟姊妹中的老四。父母忙於工作，沒有特別的管教，我的學習成績也一直平平。上大學時，選讀機械工程，我只是勉強合格，對未來沒抱太大期望。

工作十多年，我在不同的崗位上摸索，直到一次偶然的機會，我接觸到了金融行業。起初，我感到無比陌生，但隨著閱讀各類金融書籍，我開始找到方向。那些書中深邃的理念和實用的知識如同一盞明燈，照亮了我今天的道路。

透過不斷深入探索、參加課程，得到行業專家啟蒙，逐漸累積了自己的見解和經驗。經過不懈努力，我最終融會了數學與技術分析，其中幾次是「須臾」之間，明白了一些奧秘，成就了睿智。

説到量化交易，介紹大家看一本書，《洞悉市場的人》*The Man Who Solved the Market* 是一本深入探索量化金融領域、數學家的致富密碼、文藝復興科技與大獎章基金傳奇的書籍。書中揭示了數學、程式設計與金融市場之間的非凡聯繫。這本書以文藝復興科技公司（Renaissance Technologies）及其傳奇性的大獎章基金（Medallion Fund）為主題，詳細介紹了如何利用數學模型與算法在金融市場中創造驚人的利潤。

**文藝復興科技公司簡介**
**創立者：詹姆斯· 西蒙斯（Jim Simons）**

核心理念：量化交易/ 演算法。文藝復興科技專注於量化交易，利用數學模型來分析龐大的數據集，尋找市場中隱藏的模式和機會，而非依賴直覺或基本層面分析。與傳統的投資機構不同，它不延攬分析師或經濟學家，而是聘請頂尖數學家、物理學家與電腦工程師，藉由蒐集市場各項數據發展出一套演算法（Algorithm），只要某些訊號在統計上有顯著性，就納入交易模型。

## 大獎章基金的成功

不可思議的回報率：大獎章基金自 1988 年運營以來，平均每年回報率接近 40%，總獲利超過 1,000 億美元，這在金融界堪稱神話。即使扣除高額管理費，投資者仍能獲得遠高於市場平均水平的收益。而作為對比，同期「股神」巴菲特的年均回報率僅為 20.5%。

## 數學與編程的力量

書中詳細分析了數學在金融領域的應用，包括：

1. 時間序列分析：用於預測市場走勢。
2. 機器學習與優化算法：挖掘數據中的非線性關係。
3. 數據處理與清理：確保模型基於高質量數據運作。
4. 風險管理模型：降低投資組合的波動性和潛在損失。

**文藝復興科技的啟示**

1. 跨學科合作：文藝復興科技的成功來自於數學家、物理學家、計算機科學家和金融專家的合作，而非單純依賴金融背景的人才。

2. 數據驅動決策：在金融市場中，數據分析的重要性超越了情緒和直覺。

3. 長期專注與創新：成功需要時間的積累和對新技術的持續探索。

## 適合的讀者

這本書適合對以下領域感興趣的人：

- 金融市場與投資
- 數學與編程在實際中的應用
- 量化交易與對沖基金運營
- 科技與跨學科合作的力量

如果你對金融與科技如何結合創造財富感興趣，這本書將帶給你深刻的啟發。此外，它也展示了數學在現代世界中的巨大潛力，激勵那些希望透過知識改變世界的人。回首過去，能夠見證一句：無論出身如何，只要堅持學習，勇敢追夢，就能改變自己的命運。

# 以 Excel 為例
## 從零基礎了解演算法交易核心元件

「大道五十，天衍四九，人遁其一」，出自《易經》，意思就是說，天地間事物運行和發展的規律（也就是大道），總共有五十之數，而天命的衍化只有四十九，缺少的那個一，就是天機、變數。

筆者用政府持續進修基金，讀了一個短 Excel 課程，其中變數（Variable）記憶尤新，以下是如何從零基礎了解演算法交易核心元件，並逐步拆解重點內容的說明。這些內容包含用 Excel 模擬均線突破策略、風險控制模組的應用，以及回測陷阱的探討。

### 逐步拆解均線突破策略

均線突破策略是一種簡單的技術分析方法，基於價格穿越移動平均線（均線）的信號來進行交易決策。例如，當價格突破短期均線時買入，跌破均線時賣出。

**步驟 1：收集並整理數據**

- 準備歷史價格數據（如股票、指數或其他資產）
- 數據至少需要包含日期、開盤價、收盤價、高價、低價等基本資訊

**步驟 2：計算移動平均線**

- 添加一列來計算短期移動平均線（如 10 日均線）。
- Excel 公式：=AVERAGE(B2:B11)（假設收盤價在列 B 且以日期排序）

- 添加另一列來計算長期移動平均線（如 50 日均線）
- Excel 公式：=AVERAGE(B2:B51)

**步驟 3：設定交易條件**

- 判斷價格與均線的關係：
- 當收盤價（Close）突破短期均線時，產生買入信號
- 當收盤價跌破均線時，產生賣出信號
- 在 Excel 中新增一列「交易信號」：
- 公式範例：=IF(C2>D2, "Buy", IF(C2<D2, "Sell", "Hold"))
- 其中，C2 是收盤價，D2 是均線

**步驟 4：模擬資金曲線**

- 設定初始資金（如 100,000）
- 根據交易信號計算每日資金變化：
- 當「Buy」信號時，計算買入後的持倉價值
- 當「Sell」信號時，計算賣出後的現金價值

**步驟 5：視覺化**

使用 Excel 圖表（如折線圖）來繪製資金曲線和價格走勢，直接觀察策略效果。

## 風險控制模組：從賭場賠率公式到凱利準則

風險控制是演算法交易的核心，能有效管理資金並降低虧損風險。

### 賭場賠率公式的啟發

賭場的盈利模式來自概率優勢（期望值）和嚴格的風險管理。

**關鍵概念：**

- 勝率（Win Rate）：賭場每次投注贏的概率。
- 賠率（Payout Ratio）：每次下注的收益與下注金額之比。

**凱利準則（Kelly Criterion）**

凱利準則是一種最佳下注比例的計算方法，用於在長期內最大化資金增長。

f：下注比例（資金的百分比）

b：賠率（贏得的金額/ 下注金額）

p：勝率（贏的概率）

q：虧損概率（1 - p）

1. 計算策略的勝率（p）和賠率（b）
2. 代入公式計算出理想的資金分配比例（f）

在 Excel 中模擬不同下注比例對資金曲線的影響。

**Excel 模擬**

1. 設定勝率（如 55%）和賠率（如 1.5）。
2. 建立公式計算凱利比例：=(B2*C2-(1-B2))/C2。
3. 模擬不同下注比例的結果，觀察過高或過低資金配置的影響。

## 回測陷阱：為什麼歷史表現完美的策略會失效？

回測是驗證策略的重要工具，但如果操作不當，可能導致過度擬合或誤導性的結果。

**1. 過度擬合（Overfitting）**

策略針對歷史數據進行過多的參數調整，導致無法適應未來市場。

**解決方法：**

- 減少參數數量
- 使用獨立的驗證數據集測試策略

**2. 忽略交易成本**

回測時未考慮買賣手續費、滑點等實際交易成本。

解決方法：在回測中加入手續費和滑點模擬。

**3. 樣本偏差（Survivorship Bias）**

回測只使用存活的股票數據，忽略已退市或表現不佳的股票。

解決方法：使用全市場數據進行回測。

**4. 未考慮市場條件變化**

歷史數據可能不再反映當前市場環境（如政策變化、宏觀經濟影響）。

解決方法：定期重新評估並調整策略。

如何改進回測的可靠性：

1. 使用滾動回測：在不同時間段進行測試，檢查策略的穩健性。
2. 隨機測試（Monte Carlo Simulation）：模擬多種隨機市場情境，測試策略的表現。
3. 穩健性分析：檢查策略在不同參數範圍內的表現，避免過於依賴單一參數。

## 總結

使用 Excel 可以輕鬆模擬均線突破策略，幫助理解交易邏輯透過以上步驟，讀者可以從零基礎開始理解演算法交易的核心原理，並逐步掌握相關技術和風險管理方法。

呂日朗

# 慢慢來比較快

高頻交易（HFT）是一場速度與技術的軍備競賽，其背後的內幕充滿了暗池交易、極速基礎設施以及人性與技術的微妙平衡。儘管高頻交易依賴於快速執行和低延遲，但在策略開發和風控上，穩健和周全的思考同樣至關重要。

1. 策略開發：在設計高頻交易策略時，過於急躁可能導致忽視關鍵的風險因素和市場變化。因此，仔細分析數據和市場趨勢，逐步優化策略，能夠避免未來的重大損失。

2. 風險管理：高頻交易的環境瞬息萬變，面對市場異常情況的反應需要冷靜和理智。快速的決策可能導致錯誤，反而影響交易績效。

總之，即使在追求速度的高頻交易領域，穩定和謹慎的做法能夠更好地保障長期的成功。「慢慢來比較快」提醒我們，在追求技術優勢的同時，不能忽視策略的穩健性和風險控制的重要性。

以下將從三個角度來剖析高頻交易的核心問題。

## 一、微波塔 vs. 海底光纖：速度較量的物理極限

高頻交易的核心在於「速度」。在微秒（1/1,000,000 秒）甚至納秒（1/1,000,000,000 秒）的世界中，交易速度直接決定了收益。為此，HFT 公司投入了巨資開發極速基礎設施。

### 海底光纖：速度革命的起點

• 光速限制：光纖作為傳輸數據的主要工具，其傳輸速度接近光速（約每秒 200,000 公里，因玻璃折射率而低於真空光速）。

• 案例：Transatlantic 光纖網絡在 2009 年，HFT 公司牽頭建造了從紐約到倫敦的專屬光纖電纜，將跨大西洋數據傳輸時間從 64 毫秒縮短到 59 毫秒，僅僅縮短了五毫秒，但帶來的收益卻以億美元計。

## 微波塔：更快的「直線」傳輸

• 微波塔用於地面點對點傳輸，速度比光纖更快，因為微波在空氣中的傳輸速度接近真空光速。

• 局限性：微波塔受地形限制，且在惡劣天氣下信號容易受干擾。

• 案例：芝加哥到紐約的微波網絡

一些 HFT 公司如 Jump Trading 和 DRW 投資數百萬美元建立專用的微波塔網絡，將延遲縮短到 8.5 毫秒，遠低於光纖的 14.5 毫秒。

## 量子通信的未來

隨著微波和光纖逐漸逼近物理極限，量子通信被視為下一個突破點。量子糾纏理論有望實現真正的「即時」傳輸，但目前仍處於實驗階段。

### 2020 年美股閃崩事件的蝴蝶效應分析

2020 年 3 月，由於新冠疫情的影響，美股經歷了有史以來最快速的崩盤之一。在短短的幾周內，標普 500 指數多次觸發熔斷機制。高頻交易在此次事件中扮演了重要角色。

### 高頻交易如何引發蝴蝶效應

1. 流動性枯竭：HFT 公司通常充當市場的流動性供應者（market maker），但在市場波動性急劇升高時，它們會迅速撤回掛單以降低風險，導致市場瞬間失去流動性。

2. 算法失控：當市場價格波動超出算法的預設範圍時，HFT 系統會執行大量的自動化平倉操作，進一步加劇市場恐慌。

3. 連鎖反應：閃崩通常是由一個微小的觸發事件引發的。例如，某些機構投資者的大量賣單觸發了 HFT 算法的風險管理機制，導致連鎖式的拋售行為。

### 事件分析：2020 年 3 月 16 日的熔斷

2020 年 3 月 16 日當日的情況是，標普 500 指數下跌了 12%，觸發了自 1987 年黑色星期一以來的第四次熔斷。引發蝴蝶效應的關鍵點主要有以下幾個：

- 初始觸發點：疫情相關消息導致投資者恐慌性賣出；
- 擴散機制：HFT 算法因流動性不足開始撤單，市場深度瞬間消失，價格快速滑落；
- 結果：市場恐慌進一步加劇，導致熔斷。

## 三、納秒級戰爭中的人性角色：代碼審查員

在高頻交易的極速競爭中，人類仍然扮演著重要的角色，尤其是在代碼審查和風險控制方面。

### 代碼審查員的核心職責

1. 審查交易算法：確保代碼中不存在潛在的邏輯錯誤或安全漏洞。例如，一個小數點的錯誤可能導致數百萬美元的損失。

2. 風險管理：評估算法在極端市場情況下的表現，防止因市場異常波動導致的系統性風險。

3. 道德與合規審查：檢查算法是否涉及操縱市場的行為，例如「閃電下單」或「層疊訂單」等可能被監管機構認定為濫用市場的行為。

### 人性與技術的博弈

在極速的交易環境中，代碼審查員必須在「速度」與「穩健性」之間取得平衡。過於保守的策略可能導致競爭劣勢，而過於激進則可能引發災難。以 Knight Capital 的事故為例，2012 年，Knight Capital 因代碼變更中的一個小錯誤，在 45 分鐘內損失了 4.4 億美元，幾乎破產。這突顯了代碼審查的重要性。

### 心理壓力與責任

代碼審查員是納秒級戰爭中為數不多能夠以「人性」干預技術的人。然而他們也面臨著極大的心理壓力，因為任何人為錯誤都可能導致數億美元的損失。

## 結語

高頻交易的世界，是物理極限與技術創新的競賽，也是人性與算法的微妙平衡。無論是微波塔與光纖的速度較量，還是 2020 年美股閃崩的蝴蝶效應，亦或代碼審查員在納秒級戰爭中的角色，都揭示了這場軍備競賽的複雜性與深遠影響。

未來，隨著量子通信等技術的發展，高頻交易可能進一步進化，但它對金融市場穩定性的挑戰也將愈加突出。

# 量化AI基金集體失利
## 背後原因何在

「個個想拍拖，唔通個個都想拍拖咩？」當年一句訪問答案，乍聽不明所以，但細味咀嚼之下，又發現箇中奥妙！個個想 AI 賺錢，唔通個個都想 AI 賺錢咩？

2024 年量化 AI 基金集體失利的原因是多方面的，涉及市場環境變化、策略同質化、技術局限性以及監管調整等。以下是對這一現象的深度分析：

### 1. 市場環境突變

•流動性收緊：2024 年美聯儲維持高利率政策以抑制通脹，全球流動性收縮導致市場波動加劇，依賴歷史資料訓練的量化模型難以適應快速變化的宏觀環境。

• 極端行情頻發：地緣衝突（如俄烏戰爭持續、中東局勢升級）和黑天鵝事件（如加密貨幣崩盤、大宗商品價格劇烈波動）引發市場非線性波動，傳統統計套利和趨勢跟蹤策略失效。

• 風格切換過快：AI 基金依賴的動量因數在 2024 年頻繁反轉，而均值回歸策略因市場情緒化交易（如散戶抱團股捲土重來）遭遇挑戰。

### 2. 量化策略的同質化與擁擠交易

• 策略趨同：頭部量化機構（如 Two Sigma、Citadel）和 AI 基金普遍採用相似的機器學習模型（如 LSTM、強化學習），導致信號重疊。當大量資金追逐同一類因數（如盈利預期修正、新聞情緒分析）時，Alpha 收益被迅速稀釋。

• 踩踏效應：部分基金因回撤觸發風控線強制平倉，加劇市場波動，形成惡性循環。例如，2024 年 Q1 美股「AI 概念股」集體暴跌時，多空雙向止損加劇了虧損。

## 3. AI 模型的固有缺陷

• 過擬合風險：許多模型在 2020 至 2023 年科技股牛市中表現優異，但過度擬合了低利率、高增長環境，未能預見 2024 年高利率下估值壓縮的衝擊。

• 資料時效性局限：自然語言處理（NLP）模型對新聞和社交媒體的即時解析存在滯後，無法快速回應突發政策變化（如美國對華 AI 晶片禁令重創半導體板塊）。

• 黑箱化決策：部分基金過度依賴深度學習，但模型的可解釋性不足，導致風險暴露不透明，難以人工干預。

## 4. 監管與競爭壓力

• 合規成本上升：歐美加強 AI 在金融領域的監管（如歐盟《AI 法案》要求演算法透明披露），迫使基金調整策略，增加合規成本。

• 傳統策略反撲：主觀投資經理在震盪市中通過主動調倉（如押注能源轉型、軍工板塊）跑贏量化基金，資金從量化產品流向主動管理型基金。

## 5. 典型案例

• 文藝復興科技（Renaissance Technologies）：其旗艦基金 Medallion 雖維持正收益，但對外募資的 RIEF 基金因大宗商品策略失誤年內下跌 12%。

◎中國量化私募：2024 年 A 股「微盤股崩塌」事件中，依賴小市值因數的 DMA（多空收益互換）策略集體回撤超 20%，引發監管叫停杠杆產品。

## 6. 未來展望

◎技術反覆運算：部分機構轉向多模態 AI（結合圖像、衛星資料等另類資料）或自我調整機器學習（如線上學習框架），以提升模型動態調整能力。

◎策略多元化：量化 + 基本面分析（Quantamental）或成為趨勢，例如橋水基金在 2024 年通過結合宏觀判斷與 AI 信號減少虧損。

◎場適應期：短期陣痛可能加速行業洗牌，長期來看，具備獨特資料來源和靈活風控的 AI 基金仍具競爭力。

2024 年量化 AI 基金的失利反映了金融市場的複雜性與技術工具的局限性。當市場范式轉換時，過度依賴歷史資料和單一技術的策略必然面臨挑戰。未來成功的量化機構需在模型創新、風險管理和跨領域協同上尋求突破。

# 以年化收益 50% 為目標
## ——投資策略設計與測試

從《易經》的陰陽轉化之道來看，「九五」象徵著「飛龍在天」，而「上九」則是「亢龍有悔」。卦辭中，「上九」為最陽之爻，已無上升的空間，代表著盛極必衰，注定會走向衰落，因此會呈現凶險的徵兆。相比之下，九五雖然身處尊貴之位，卻仍然擁有向上發展的潛力，是乾卦中最為理想的爻位，象徵著帝王之相，因此古代皇帝自稱「九五之尊」，而非「九六之尊」。

同理，我們不應該天真地認為可以創造出一條無敵的投資策略。即使偶然擁有一個驚人的策略，也不要以為這樣就能安枕無憂，永遠不會改變。隨著科技的快速發展，機器學習和量子計算的崛起，任何無敵策略最終都會被破解或失效。因此，擁有一個良好的投資策略已足夠，應避免過度擬合（Overfit），留出向上發展的空間，否則一旦自以為達到頂峰，到達無盡之境，最終可能走向衰退。

舉例：收益目標 50%、專注於港股科技股的投資策略設計，涵蓋詳細的選股條件、擇時方法、TradingView 的選股公式（編寫 Pine Script），以及回測方法和解讀。

### 一、投資策略設計

#### 1. 策略目標

| 年化收益目標 | 50% |
|---|---|
| 市場範圍 | 港股科技股 |
| 操作方式 | 中短線波段操作（持股數天至數週） |
| 風險管理 | 每筆交易風險不超過資金總額的 2% |

## 2. 選股條件

以下為選股的核心條件：

| 流動性要求 | | 日均成交額不低於 5,000 萬港元，避免流動性不足的股票 |
|---|---|---|
| 技術面條件 | 均線多頭排列 | 5 日均線 > 20 日均線 > 60 日均線 |
| | 相對強勢 | 股價突破近期 20 天高點，顯示趨勢向上 |
| | 基本面條件（可選，非必須） | 市值不低於 50 億港元<br>所屬行業為科技相關（軟件、硬件、互聯網、人工智能等） |
| | 成交量放大 | 當日成交量相較 20 日均量放大至少 1.5 倍 |

## 3. 擇時方法

| 買入時機 | 賣出時機 |
|---|---|
| 股價突破近期 20 天高點，並且當日收盤站穩此高點 | 股價跌破五日均線，並且成交量放大超過 1.5 倍（止盈） |
| 成交量放大，確認突破有效性 | 或股價跌破買入價格的 5%（止損） |

## 4. 風險控制

- 止損：每筆交易虧損不超過本金的 2%。假設本金為 100 萬港元，單筆交易虧損上限為二萬港元。
- 倉位控制：單隻股票倉位不超過資金總額的 20%。

## 二、TradingView 選股公式（Pine Script）

以下為 TradingView 的選股公式，用於篩選港股科技股中符合技術面條件的標的：

```
//@version=5
indicator(" 港股科技股選股策略 ", overlay=true)
// 設定參數
length_high = 20  // 高點周期
ma_short = 5      // 短期均線
ma_mid = 20       // 中期均線
ma_long = 60      // 長期均線
// 計算均線
short_ma = ta.sma(close, ma_short)
mid_ma = ta.sma(close, ma_mid)
long_ma = ta.sma(close, ma_long)
// 計算高點和成交量
high_break = ta.highest(high, length_high)
volume_avg = ta.sma(volume, 20)
// 選股條件
condition_1 = close > high_break   // 收盤價突破 20 天高點
condition_2 = short_ma > mid_ma and mid_ma > long_ma
// 均線多頭排列
condition_3 = volume > volume_avg * 1.5  // 當日成交量放大
// 符合條件時顯示信號
if (condition_1 and condition_2 and condition_3)
    label.new(bar_index, high, " 買入信號 ",
style=label.style_label_up, color=color.green,
textcolor=color.white)
// 繪製均線
plot(short_ma, color=color.blue, title="5 日均線 ")
plot(mid_ma, color=color.orange, title="20 日均線 ")
plot(long_ma, color=color.red, title="60 日均線 ")
```

* 公式說明

• 參數設置：

length_high= 20：計算 20 天高點；

ma_short=5、ma_mid =20、ma_long=60：分別為短期、中期、長期均線。

• 技術條件：

股價突破 20 天高點，且均線多頭排列；

成交量放大，表明突破具有成交量支持。

• 信號顯示：

當符合條件時，圖表上會顯示「買入信號」。

## 三、回測方法

1. 回測步驟

| 數據來源 | 回測設置 | 回測目標 |
|---|---|---|
| • 使用 TradingView 提供的港股歷史數據<br>• 測試範圍：最近 3 至 5 年的數據 | • 每次交易的初始資金：100 萬港元<br>• 每筆交易固定投入 20 萬港元（20% 倉位）<br>• 止損：每次虧損不超過 2% 單筆資金 | • 計算年化收益率<br>• 計算最大回撤（最大資金虧損幅度） |

## 2. 回測結果

假設回測期間為五年，以下為模擬結果的假設性示例：

• 總收益：本金由 100 萬增長至 759 萬。

• 年化收益率：50.3%。

• 勝率：63%（盈利交易佔比）。

• 最大回撤：18%。

## 四、使用方法

| 安裝公式 | 篩選股票 | 執行交易 |
| --- | --- | --- |
| • 打開 TradingView 平台，在「Pine Script 編輯器」中粘貼上面的代碼；<br>• 點擊「添加到圖表」來啟用選股策略。 | • 持續關注符合條件的港股科技股，當公式顯示買入信號時，評估是否進行交易。 | • 確保交易量符合要求，避免流動性風險。<br>• 嚴格執行止盈止損規則，避免情緒化操作。 |

## 五、注意事項

**市場風險：港股科技股波動較大，可能導致資金回撤。**

**回測局限：歷史表現不代表未來收益，需根據市場情況動態調整策略。**

**執行紀律：收益率的關鍵在於嚴格執行策略，避免過度交易。**

如果需要進一步優化策略或進行詳細回測，可以根據反饋進行調整！

1. 世上沒有永遠無敵的算法策略：任何算法或技術都有其局限性和適用範圍，隨著時間和環境的變化，原本有效的策略可能不再適用。

2. 不要 overfit：在機器學習中，過擬合指的是模型過於依賴訓練數據，導致對新數據的預測能力下降。這提醒我們，在開發系統和應用時，應注重通用性和適應性，而非僅僅追求在某一特定情境下的最佳表現。

3. 跌入無盡深淵：如果過度依賴某個策略或算法，可能會導致系統崩潰或無法應對新挑戰的風險。

資深金融科技倡導者、數字化轉型顧問和創業導師，在香港金融科技領域有著廣泛的影響力和豐富的經驗。致力於推動下一代金融科技生態系統的發展，並在大灣區建立穩健的孵化環境。

作為金融科技倡導者，陳家豪關注著 Web3、合規科技和元宇宙等新興領域的發展，深入了解這些領域的技術趨勢和商業機會，並幫助企業和初創公司制定相關的戰略規劃和創新方案。他的跨境金融系統設計和運營經驗使他能夠為客戶提供寶貴的指導，幫助他們在這些領域中取得成功。他更在不同主流媒體發表數字經濟相關評論文章超過十年。

# 香港深圳共築金融科技新藍圖

在這個數位轉型、風雲際會的時代，香港憑著深厚的金融底蘊，成為全球資本市場的重要樞紐；而深圳則以其迅速崛起的科技實力，展現出前所未有的創新動能。筆者以「愚公」精神，通過一系列評論文章，有力指出香港一些根本性問題，解讀香港金融與深圳科技如何相互促進、互補優勢，共同引領金融科技的跨界革命。

## 堅韌創新：金融智慧遇上科技衝擊

正如愚公移山般堅定信念，每篇評論皆深入剖析了香港金融在面臨傳統結構挑戰時，如何藉深圳科技的滲透與推動，實現跨越式創新。從智能合約對決傳統 API，到支付系統從 FPS 走向穩定幣時代的突破。筆者指出，香港在全球金融生態中的轉型，不僅是資本與風險管理的較量，更是科技賦予下的新機遇。

## 跨界融合：深港合作激盪的創新火花

在這波「深港合作」的浪潮中，筆者深入探討了兩地在科技、金融及公共服務等多元領域的融合發展。深圳的科技創新不僅為香港金融帶來技術升級，更為兩地在國際市場上競爭提供了強大後盾。這種跨界融合，正促成前所未有的轉型動力，為廣大讀者呈現一個充滿活力與可能性的未來藍圖。

## 邀您共享創新之旅

面對未來的不斷變革，本系列評論文章不僅旨在解構香港金融發展中的結構性矛盾和瓶頸，更試圖通過對深圳科技應用的深入觀察，挖掘出實現金融創新與制度突破的關鍵契機。無論是金融從業員、科技愛好者或關注兩地合作發展的觀察者，本系列作品都將為您帶來前瞻性的見解以及動人心弦的創新故事。

讓我們攜手見證香港與深圳在傳統金融與前沿科技交融下演繹出的新篇章，探索那無限延展的創新未來。

# 深港雙城記：
## 當深圳崛起遇上香港轉型

1981 年，當我還是一名學生時，便開始了我的「single trip」旅程。最初只是回鄉探親途經深圳，這個邊境小城當時只是我旅途中的一個轉乘站。進入 2000 年代，我開始頻繁到深圳周邊的高爾夫球場打球，見證著這座城市的持續升級。而過去十幾年，隨著深港融合不斷深化，我更多次因教育工作往來兩地，可以說深圳已成為我除香港外停留最久的城市。

### 改革開放四十多年：深圳的經濟奇跡

深圳自 1980 年被中央定為改革開放試驗區以來，在短短 40 多年間實現了驚人的蛻變。這個曾經的邊陲漁村，如今已發展成充滿活力的國際大都市。我親眼見證著：

- 人口從當初的 30 萬激增至如今的 1700 多萬

- 上市公司總市值突破 10 萬億元，誕生了華為、騰訊、大疆、比亞迪等獨當一面的全球科技巨頭

- 鹽田港集裝箱吞吐量早已超越香港、連續多年位居全球前列

- GDP 在 2018 年首度超越香港，2022 年已達 3.24 萬億元

### 創新驅動未來：深圳的新戰略定位

更令人驚嘆的是，深圳的創新動能仍在持續爆發。前海自貿區的崛起、河套深港科技創新合作區的推進、粵港澳大灣區核心引擎作用的強化，都預示著這座城市將在國家發展戰略中扮演更關鍵的角色。作為深港融合的親歷者，我既感慨於香港

「老大哥」地位的轉變，更期待兩地能在新階段形成優勢互補的合作格局。深圳的發展故事，某種程度上也是中國改革開放的縮影，它的每一次突破都在重新定義著發展的可能。

## 香港的定位：堅守優勢，開拓新局

深圳的崛起與香港的發展，本不應是零和博弈，而是互補共贏的關係。香港無需因深圳的快速發展而感到焦慮，反而更應堅守自身獨特優勢，在「一國兩制」的框架下，開拓新的國際化道路。

## 傳統優勢的升級與轉型

香港的法治精神、普通法體系、國際化的金融監管框架，以及自由流通的資本市場，都是深圳乃至內地城市短期內難以完全複製的核心競爭力。與其盲目追逐深圳的科技產業發展模式，香港更應思考如何將這些傳統優勢轉化為新時代的價值。

## Web3 與金融創新的機遇

近年來，香港特區政府積極布局 Web3 生態體系，通過發放虛擬資產交易牌照、推動央行數字貨幣（CBDC）跨境應用等舉措，展現出發展數字金融的堅定決心。然而，要真正確立香港作為亞洲 Web3 樞紐的地位，仍需在以下關鍵領域持續發力：

**1. 完善監管框架與基礎建設**

- 制定更清晰的監管指引，平衡創新與風險管控
- 建立安全高效的跨境數據應用平台，促進合規數據流動

**2. 深化區域與國際協作**

- 加強與內地金融市場的互聯互通機制
- 拓展與全球主要金融中心的數字金融合作

### 3. 強化人才發展戰略

- 系統性培育本土金融科技人才
- 推動專業資歷的國際互認，吸引全球頂尖人才

這一戰略布局不僅關乎香港金融業的轉型升級，更是在地緣政治愈見複雜多變的日子裡，鞏固其國際金融中心地位的關鍵舉措。通過構建完善的生態系統，香港有望在 Web3 時代繼續發揮「超級聯繫人」的獨特作用。

## 雙城記的未來篇章

深港雙城的發展軌跡，見證了中國改革開放的巨大成就。深圳展現了驚人的發展速度，而香港則需要在新時代找準定位，既要保持國際化特色，又要積極融入國家發展大局。兩地優勢互補，共同推動粵港澳大灣區建設，方能書寫更精彩的未來篇章。

# 深港融合的河套試點 8

## 金融發展視角下的挑戰與啟示
## ——跨境規則協同與制度創新的系統性破局

河套深港科技創新合作區（下稱「河套合作區」）是國家在「一國兩制」框架下推動制度型開放的「破冰船」，承載著破解跨境制度壁壘、構建國際科創規則話語權的戰略使命。根據 2035 年規劃目標，河套合作區需實現「深港創新要素跨境暢通流動」與「國際先進科創規則體系成熟定型」兩大突破。

社會層面，市場主體對河套的期待更為具象：企業渴望打造「香港研發 + 深圳製造」的無邊界實驗室，科研人員亟待突破執業資格互認、社保銜接等隱形壁壘，初創企業則聚焦金融工具創新以降低跨境資本摩擦成本。然而，當前深港兩地金融規則、税制體系、法律框架的互不銜接，使河套合作區陷入「制度創新高期待」與「規則協同低效能」的張力之中。筆者嘗試從金融領域核心矛盾切入，剖析四大關鍵挑戰並提出破局路徑。

### 核心挑戰一：跨境資金流動的監管競合

**矛盾焦點：**

- 過河資金水土不服：中央財政資金跨境後仍受內地審批層級與間接費用限制，與香港市場化分配模式衝突；

- 外匯管制與自由港的博弈：香港資本自由流動優勢被內地外匯管制削弱，「科匯通」試點難解跨境融資審批複雜性與匯率風險；

- 金融產品標準差異：知識產權估值、抵押品認定等規則差異抬高跨境融資成本；

- 虛擬資產交易法規不一：內地禁止加密貨幣和虛擬資產交易，河套合作區對新金融產品應用何去何從？

**破局方向：**

- 試點「監管沙盒」內跨境資金「白名單」，允許科研經費按香港規則使用；

- 建立深港聯合審計委員會，統一知識產權跨境質押評估標準。

## 核心挑戰二：稅制錯位下的利益博弈

**矛盾焦點：**

- 人才稅負歸屬模糊：香港 15% 個人入息稅（個稅）上限與深圳個稅補貼政策疊加，引發重複徵稅風險；

- 企業「雙總部」套利：深港企業所得稅率差（15% vs 16.5%）催生稅務架構設計亂象；

- 區域稅收共享缺位：研發成果產業化帶來的稅基分配爭議可能削弱合作動力。

**破局方向：**

- 制定跨境人才稅務豁免清單，更新適用於河套合作區工作人士「183 天居住規則」；

- 借鑑橫琴模式，按價值鏈貢獻比例分配跨區域稅收。

## 核心挑戰三：法律衝突中的監管真空

**矛盾焦點：**

- 管轄權模糊化：普通法與大陸法在數據跨境（如微信數據跨境傳輸）、虛擬資產交易等領域直接碰撞；

-「最寬鬆監管」悖論：香港負面清單與內地底線監管的論平衡失序，或衍生洗錢漏洞；

- 合規成本高企：企業需同時滿足兩地數據安全法、隱私條例，監管成本必定大幅增加。

**破局方向：**

- 在科創金融領域試行「香港監管 + 內地備案」互認機制；
- 建立跨境風險準備金對沖制度摩擦損失。

## 核心挑戰四：人才流動的隱形高牆

**矛盾焦點：**

- 執業資格壁壘：金融、會計等領域跨境從業需重複認證；
- 社保體系銜接問題：強積金與社保無法銜接，影響人才長期留任；
- 協作效率損耗：「兩文三語」工作環境與信息平台不互通降低科研協同效能。

**破局方向：**

- 推出「河套人才護照」，集成執業資格互認與社保積分兌換功能；
- 構建雙語政務平台，有效利用政策和技術（如生成式人工智能）打通深港科研數據接口。

## 從「制度孤島」到「規則接口」的升維路徑

河套的真正價值不在於物理空間的疊加，而在於通過分層試驗化解制度衝突：

1. 最小單元突破：優先在科創金融領域試點「沙盒機制」，如設立跨境母基金探索雙幣結算；

2. 動態反饋設計：成立深港政企智庫聯合委員會，每季度評估規則適配性；

3. 風險對沖架構：引入跨境保險產品覆蓋制度摩擦損失，降低試錯成本。

## 結語：以河套「沙盒韌性」重塑香港金融競爭力

當前，香港傳統金融業正面臨地緣政治加劇帶來的雙重挑戰：一方面，美國以金融制裁、資本管制等手段試圖削弱香港國際金融中心地位，全球金融體系呈現「兩極化」趨勢；另一方面，內地金融市場加速開放與人民幣國際化進程，對香港的「超級聯繫人」角色提出更高要求。在此背景下，河套合作區探索的「沙盒化制度創新路徑」，為香港破解困局提供了關鍵啟示——唯有將「風險可控的試驗」與「規則重構的野心」相結合，方能在變局中開闢新局。

河套的實踐表明，「監管沙盒」不僅是技術測試工具，更是制度競爭的緩衝帶。例如，香港金管局推行的「金融科技沙盒 3.1 試驗計劃」，通過資助跨界別項目、允許彈性監管，已促成多項創新落地，涵蓋央行數字貨幣與合規科技等領域。這種模式可延伸至傳統金融領域：在跨境資本流動、綠色金融認證、離岸人民幣衍生品等敏感議題上，可借鑑河套「封閉試驗—動態反饋—風險對沖」的三步機制，既維護金融安全底線，又釋放創新勢能。例如，針對美國對中概股的限制，香港可設立「跨境上市沙盒」，允許符合條件的企業在港試行「雙重股權架構 + 內地數據合規」的混合模式，吸引受地緣擠壓的科技企業回流。

更深層的啟示在於，河套的「制度接口」思維為香港金融改革提供了範式轉移。通過「五流四制」政策框架（人流、物流、資金流、信息流、商流與法制、稅制、科研體制、園區管理體制），河套在數據跨境、醫療樣本流通等「硬骨頭」領域實現突破，其本質是構建「規則可調適的共生系統」。這一邏輯同樣適用於金融領域：面對國際金融規則碎片化，香港可依託河套經驗，推動「監管互認沙盒」——例如，在 ESG 評級、碳交易標準等領域，聯合內地與東盟國家建立區域性認證體系，對沖西方主導的規則霸權。

展望未來，香港需以河套為藍本，將「沙盒韌性」升為國家戰略工具。一方面，加速「金融—科創」雙沙盒聯動，利用河套已集聚的多個高端科研項目與專才，試點科技信貸資產證券化、知識產權跨境質押等新型融資工具；另一方面，將河套「聯合政策包」模式擴展至金融領域，探索深港共建「離岸人民幣科創母基金」，吸納內地資本與香港國際化網絡優勢，形成「技術研發—中試轉化—全球融資」的閉環生態。

地緣政治的凜冬之下，香港金融業唯有以河套的「破冰勇氣」重構自身邏輯——從被動適應規則轉向主動輸出規則，從單一樞紐功能轉向系統韌性構建。這既是守護國際金融中心地位的必然選擇，更是為中國參與全球治理提供「制度軟實力」的關鍵一躍。

# 深港融合下的科技與金融協同：提升國際競爭力的多維度分析

在全球數字經濟加速發展的背景下，深圳與香港作為粵港澳大灣區的兩大核心引擎，正通過科技、金融、消費等領域的深度融合，探索互補共生的創新路徑。2025 年 2 月，全球頂級區塊鏈盛會 Consensus 首次在亞洲舉辦並選址香港，進一步凸顯香港在 Web3 和金融科技領域的國際地位，同時也為深港科技金融協同帶來新的合作契機。

## 一、科技與產業協同：數字基建與 Web3 生態互補

深圳以「硬科技」見長，擁有華為、騰訊等科技巨頭，在人工智能、區塊鏈、量子計算等領域具備領先優勢。香港則憑藉國際化的金融監管體系和成熟的資本市場，成為全球 Web3 和數字資產的重要樞紐。

- 深圳優勢：數字人民幣試點、跨境支付創新（如騰訊「外卡內綁」模式）、5G 與 AI 基礎設施。

- 香港優勢：虛擬資產牌照制度、國際資本流動自由、全球 Web3 企業聚集（如 2025 Consensus 大會等）。

- 協同效應：深圳的技術研發能力與香港的國際化金融生態結合，可加速數字人民幣跨境應用，並推動區塊鏈在供應鏈金融、資產代幣化等領域的落地。

## 二、金融合作深化：從數字人民幣到全球虛擬資產樞紐

在中美科技競爭背景下，深港金融協同的戰略價值進一步凸顯：

- 數字人民幣國際化：深圳的試點經驗（如跨境智能合約）與香港的國際金融網絡結合，可推動人民幣在跨境貿易和投資中的使用。

- 虛擬資產監管創新：香港的虛擬資產交易所牌照制度（如 HashKey、OSL 及 HKVAX 等）與深圳的區塊鏈技術結合，可探索合規的數字資產跨境流通機制。

- 金融科技人才培育：深港澳金融科技師認證計劃（CFTTP）為大灣區培養複合型人才，支撐未來金融創新。

## 三、消費市場互動：「北上消費」與跨境支付便利化

深圳消費市場近年快速增長，港人「北上消費」成為重要驅動力，2024 年港人在深非現金支付交易額同比增長達 81%。同時，香港的高端消費和國際品牌首店經濟仍具吸引力。

- 支付互聯：深圳的「全域支付示範區」與香港「轉數快」（FPS）系統及未來的數碼港元（eHKD）對接，提升跨境支付體驗。

- 消費場景互補：深圳的「夜間經濟」與香港的「演藝經濟」結合，可打造差異化跨境消費生態。

## 四、國際競爭力：中美博弈下的深港角色

面對全球技術競爭，深港合作可增強中國在數字經濟領域的話語權：

1. 技術自主性：深圳的芯片（華為昇騰）、AI 大模型與香港的國際融資渠道結合，加速關鍵技術突破。

2. 規則制定權：香港的 Web3 監管經驗（如立法會 Web3 及虛擬資產發展事宜小組）可助力中國參與全球數字金融標準制定。

3. 市場拓展：以深港為樞紐，推動「一帶一路」數字金融合作，如與中東的綠色金融科技聯動。

## 深港融合的未來路徑

深港合作不僅是區域經濟一體化的必然選擇，更是中國在全球數字經濟競爭中的關鍵策略。通過「深圳技術 + 香港規則」的雙輪驅動，兩地可共同打造：

- 全球金融科技中心（香港的資本 + 深圳的創新）
- Web3 與數字資產樞紐（香港的監管 + 深圳的區塊鏈技術）
- 跨境消費與支付標桿（香港的國際資源 + 深圳的市場）

2025 年 Consensus 大會的舉辦，突顯了香港的 Web3 地位，而深圳的技術支持將使其影響力延伸至全球。未來，深港需在數據跨境流動、聯合監管機制上突破，以形成更具韌性的國際競爭力。

# 深圳與香港電力公共交通發展對比與綠色金融策略建議

## 一、核心差異解析

### 1. 政策執行機制

- 深圳：採用「頂層設計及財政干預」模式，通過行政指令快速整合資源。2017 年電動公交全覆蓋的背後，是政府將公交運營企業納入公共事業管理體系，直接協調電網、車企、城市規劃部門形成閉環。

- 香港：奉行「監管者中立」原則，九巴、城巴等運營商需自行評估電動化成本收益。2023 年電動巴士佔比僅 4.7%，反映出市場機制在重資產轉型中的滯後性。

### 2. 產業鏈協同效應

- 深圳坐擁比亞迪全產業鏈優勢，電動巴士採購成本比香港低 40%（約 200 萬港元/ 輛 vs 350 萬港元/ 輛）。本地化生產使電池更換、電機維護形成 15 分鐘應急響應圈。

- 香港依賴進口導致隱性成本：以比亞迪 K12A 巴士為例，從深圳鹽田港到香港的物流及關稅使單部成本增加 12%，且零部件庫存周期長達三周。

### 3. 基礎設施適配度

- 深圳採用「立體充電網絡」：在 34 個樞紐站建設地下充電層，通過光伏頂棚實現 30% 電力自給，單個場站可支持 150 輛巴士同時充電。

- 香港受限於《建築物條例》第 123 章，充電樁建設需符合消防處對樓間距、通風系統的特殊要求，導致改造成本比深圳高 2.3 倍。

## 二、潛在風險與機遇

- 深圳的財政依賴難題：2025 年新能源補貼退坡後，公交集團電費支出將佔運營成本 35%，需探索「光儲充一體化」商業模型，如將龍華充電站改造為峰谷電價儲能節點。

- 香港的彎道超車機會：利用《北部都會區發展策略》規劃，在新發展區試行「電動交通即服務」（e-TaaS）模式，通過區塊鏈技術實現巴士、充電樁、可再生能源的智能合約聯動。

## 三、創新融合路徑建議

### 1. 建立跨境產業協作區

- 在前海深港現代服務業合作區設立「電動交通聯合創新中心」，共享比亞迪的電池健康度預測算法與香港的智能調度系統。

- 試點「電池銀行」模式：深圳提供標準化電池包，香港運營商按里程支付使用費，可大幅度降低初期投入成本。

### 2. Web3.0 賦能運營生態

- 發行綠色交通 NFT 通行證：用戶乘坐電動巴士可獲得碳積分，兑換香港數碼港企業的 Web3 服務，形成環保行為激勵閉環。

- 應用 DeFi 機制建設分布式充電網絡：私人停車場業主可通過智能合約共享充電樁，獲得穩定幣收益，緩解土地約束。

### 3. 動態票價調節機制

- 參考深圳地鐵「峰谷票價」，開發基於AI的彈性定價系統：在電力現貨市場低價時段（如午間光伏發電高峰），降低電動巴士票價 5-10%，引導錯峰出行。

## 四、可持續發展路線圖

- 2024-2026 年（試驗階段）：在香港科學園至落馬洲口岸開通首條跨境氫電混合巴士線，測試兩地標準互認機制。

- 2027-2030 年（推廣階段）：在大嶼山和北部都會區建立低碳交通示範區，全面替換區內大部分柴油巴士，並推動 50% 跨境巴士電力化。

- 2031-2035 年（融合階段）：實現北部都會區巴士及跨境巴士全面電動化。推動深港電動交通碳核算標準統一，發行「大灣區代幣化綠色債券」支持基建升級。

## 結論：構建灣區電動交通共同體

深港差異本質是制度創新與市場活力的辯證統一。建議成立由兩地發改部門、港交所、深創投組成的電動交通發展基金，採用「香港金融 + 深圳科技」的混合治理模式。通過政策套利破解土地與成本約束，將香港國際金融中心的資本運作能力與深圳的硬科技實力結合，共同制定電動巴士的灣區標準，既能解決深圳依賴補貼模式運作的可持續發展困境，更可形成可輸出至「一帶一路」城市的綠色交通解決方案。

NARI
贵州省电动汽车充电服务平台
Guizhou electric vehicle charging service
人工智能
Artificial Intelligence (AI)
NARI
中国南方电网
CHINA SOUTHERN POWER GRID
NARI
中国南方电网
CHINA SOUTHERN POWER GRID

# 結合香港及深圳的金融科技力量賦能大灣區文旅經濟發展

香港與深圳，一河之隔，卻在旅遊發展策略上呈現鮮明的差異與互補性。香港的《旅遊發展藍圖 2.0》以「國際化」和「高增值」為核心，強調「盛事經濟」和「文化 IP」，目標是鞏固其亞洲國際都會地位。四大定位包括國際旅遊樞紐、「一程多站」示範區、高品質旅遊城市及可持續旅遊標竿，均圍繞香港的既有優勢——法治環境、金融服務、中西文化交融。

深圳的「十四五」旅遊規劃則緊扣「科技 + 產業」主線，提出打造「全球領先的科技旅遊城市」。不同於香港的「軟實力」路線，深圳更傾向「硬科技賦能」，例如「AI+ 旅遊」、「數字孿生景區」等創新應用，並以前海合作區為試驗田，探索深港規則銜接下的跨境旅遊新模式。

## 關鍵異同點：

**1. 國際化 vs. 科技化**

香港依賴成熟的國際客源網絡，深圳則試圖以科技體驗吸引新世代旅客。

**2. 文化底蘊 vs. 創新敘事**

香港深耕「五色旅遊」等歷史文化資源，深圳則主打「改革開放奇跡」、「未來城市」的現代化標籤。

**3. 協同與競爭**

兩地均強調大灣區「一程多站」，但香港側重高端消費，深圳聚焦科技研學，形成錯位發展。

接下來的分析將聚焦民生、經濟、科技應用三大維度，深入拆解雙城旅遊策略的落地挑戰與機遇。

## 香港與深圳旅遊發展長遠計劃的比較分析

### 一、民生視角：旅客體驗與社區承載力

香港方面，旅遊業蓬勃背後隱藏民生矛盾。節假日期間，尖沙咀、迪士尼等熱門景點人潮逼爆，引發居民不滿。為緩解壓力，政府力推「社區旅遊」，將旅客分流至深水埗、土瓜灣等非傳統旅遊區域，並活化歷史建築如中環街市，打造文化深度遊。不過，基層商戶的英語服務水平下降，成為國際化隱憂。

值得關注的是，香港正急起直追移動支付。2024 年全面推動「支付通」計劃，目標使支付寶、微信支付覆蓋率達 95%，解決旅客「找贖難」痛點。同時，前海合作區提供港式醫療、教育配套，有望分流部分居住壓力。可惜直到今天，能提供「無現金支付」的的士仍然寥寥可數，計劃必須加把勁。

深圳則以「新移民城市」的包容性見稱，旅客與居民衝突較少。全市早已實現「無現金社會」，近期更試點數字人民幣在景區應用，便利跨境消費。但深圳的國際化軟肋在於語言服務——雖然科技補位（如 AI 即時翻譯），但專業導遊團隊的英語能力仍遜於香港。

**關鍵觀察：**

香港需警惕「過度旅遊化」損害社區生活質素，可參考深圳的「數字民生」手段，例如在舊區引入智能人流管理系統；深圳則需提升服務業的國際化水平，避免「科技先進、服務滯後」的落差。

## 二、經濟層面：產業聯動與收益分配

在失去內地旅客來港購買水貨和名牌的主要購物消費活動後，香港的旅遊經濟高度依賴盛事驅動。2024 年舉辦逾 240 項國際活動，包括 Art Basel、七人欖球賽等，目標吸引 200 萬人次，帶動 33 億港元消費。但隱憂在於客源單一化——78% 旅客來自內地，易受政策波動影響。為分散風險，政府開拓中東及東盟市場，例如對沙特阿拉伯推「高端購物 + 醫療旅遊」套餐。

深層次問題在於收益分配不均。奢侈品零售、五星酒店受益明顯，但中小企如茶餐廳、街市攤販受惠有限。政府雖有「本地遊鼓勵計劃」，但參與商戶不足三成，反映政策落地斷層。

由 IShowSpeed 深圳直播活動的內容不難看出，深圳以「科技 + 旅遊」創造新增長點。前海合作區的「AI 無人船觀光」、「騰訊元宇宙展館」等項目，吸引創投基金進駐。更具顛覆性的是「產業旅遊」模式——華為、比亞迪開放工廠參觀，衍生出「科技研學團」產業鏈，年均接待 50 萬人次。

**關鍵觀察：**

香港需打破「購物主導」的單一模式，可借鏡深圳的「產業賦能」策略，例如將國際金融中心優勢轉化為「金融科技體驗遊」；深圳則需防範科技項目「叫好不叫座」，避免重蹈部分 VR 景區「開業即冷清」的覆轍。

## 三、科技應用：金融科技如何重塑文旅體驗

香港的突破點在於「金融科技 + 旅遊」的融合：

- 支付基建：期望金管局能儘快完成「轉數快」系統對接東南亞如泰國、馬來西亞及新加坡等國家完成雙向支付（目前只

能讓港人出外消費，未能惠及商家面向遊客收款）。

- 數字資產：旅發局試行發行 NFT 門票（如 M+ 博物館），下一步可結合虛擬銀行推出「旅遊消費積分通證化」，提升旅客黏性及數據分析的可靠信息來源。

- 數據互通：深化「數字灣區」計劃，與深圳、廣州、澳門等城市共建「粵港澳數據特區」，實現旅客信用記錄跨境共享，簡化酒店押金等流程。

## 深圳則展現更激進的科技實驗：

- 全域智能：全市布局 2,000 座超充站，已經全線電動的出租車司機兼任「AI 輔佐導遊」，透過車載平板及網約車 App 推薦行程。

- 元宇宙場景：在各大小商場內的全渠道機動遊樂區打造「虛實共生主題樂園」，讓年輕人利用虛擬實境角度感受未來大灣區一體化後的智慧城市生活境況。

## 吸引眼球的金融科技構想：

香港可發揮「國際資金池」優勢，推出全球首個「旅遊穩定幣」——旅客以港元購買與消費物價掛鈎的數位代幣，抵禦匯率波動風險。深圳則可試點「基於區塊鏈的旅遊碳積分」，用綠能消費抵扣景區門票，呼應「雙碳」目標。

## 總結：雙城競合下的突圍策略

**1. 香港的殺手鐧：**

- 將「國際金融中心」地位轉化為旅遊賣點，例如推出「中環金融歷史漫步＋虛擬 IPO 體驗」。

- 推出與李小龍、黃家駒、張國榮、鄧麗君等香港巨星的 GenAI 虛擬實境電影、遊戲及小紅書內容等，製造香港數字化資產在文旅和 IP 應用的有效場景。

- 善用普通法體系，成為亞洲「旅遊消費爭議仲裁中心」，提升高端客群信心。

**2. 深圳的奇兵：**

- 以「硬科技」打造極致效率，例如機場安檢可應用透過手機、動態拍攝、人臉識別和聲紋等多維度分析，實現「無感」通關，成為轉機旅客首選。

- 開發「深港科技走廊」跨境產品，例如乘搭無人電動車甚至載人無人機遊覽香港科學園和深圳大疆總部。

**3. 大膽預測：**

若兩地能打通「旅遊數據沙盒」，允許合資格企業跨境試用生物識別、智能合約等技術，有望五年內催生「無縫大灣區旅遊生態圈」，重新定義東亞旅遊版圖。

## 金融科技 × 大灣區旅遊大變革！深港聯動「跨境數字錢包 + 虛擬大灣區」顛覆玩法

**香港提煉「數字黃金」：**

更新「轉數快」系統直通全球，一秒切換港幣、人民幣、泰銖，甚至穩定幣。支付無縫接軌！

**巨星元宇宙崛起：**

張國榮 AI 全息演唱會、李小龍 NFT 功夫秘境，把文化 IP 變成可收藏的旅行資產！

**深圳啟動「代碼浪潮」：**

AI 導遊 × 數字人民幣，華為「未來工廠探險」、騰訊「元宇宙城市闖關」，科技景點自帶金融 Buff ！

**區塊鏈綠能護照：**

搭電動車賺碳幣，換深港聯名限量體驗，旅遊也能玩出 ESG 新經濟！

**深港雙打組合：**

深港支付同盟：跨境支付和卡券整合，一碼掃遍大灣區。消費數據秒變跨境信用額度！

虛實雙棲旅行：現實打卡解鎖「虛擬深港」地標建造權，你的旅程就是元宇宙開發商！

這不是升級，而是旅行規則的量子躍進——深港正用金融科技重寫「跨境遊」DNA，讓世界看見大灣區的極客式浪漫！

# 愚公北上解鎖 2000+ 網球場
## 深港「以球會友」新風潮

昔日需提前三日透過社交群組預約深圳球場，如今只需開啟應用程式可以即時預約！自 2022 年「i 深圳」體育場館一鍵預約平台上線後，港人跨境打球模式迎來革新。作為網球愛好者，筆者過去半年透過該平台體驗深圳 21 個行政區的網球場，從福田 CBD 智能場館至梧桐山腳社區球場，更見證深港球友透過數碼化平台建立跨城社群。以下從兩大核心層面剖析此現象：

### 一、無縫預約系統：全城場地即時對接

**一站式場地整合**

「i 深圳」APP 的「地圖找場」功能整合全市逾 2000 個網球場，涵蓋：

- 國際賽事級場館：如龍崗大運中心 16 個硬地場，配備開合式屋頂及移動式計分屏；

- 社區惠民場地：龍崗銀星體育公園提供 24 小時免費開放時段；

- 校園共享資源：南山實驗學校周末開放膠地場，每小時低至 30 元人民幣。

平台更標註場地燈光條件、地面材質（硬地/ 紅土/ 草地）及周邊便利設施，精準匹配使用者需求。

**極簡化預約流程**

以福田香蜜體育中心為例，三步完成預約：

- 步驟一：登入「i 深圳」→選擇「文體一鍵預約」→篩選「網

球」項目；

- 步驟二：查看場館實景圖及用戶評價（如「夜間照明充足」，「更衣室提供熱水」）；

- 步驟三：選擇時段並以微信或支付寶完成支付。

實測顯示，非熱門時段（如周二下午）可即時預約，週末黃金時段則需提前 48 小時搶訂。

**典型案例：**

- 福田 COCO Park 智能球場：配備 AI 發球機與擊球軌跡追蹤系統，科技訓練套餐每小時 150 元，僅為香港同類服務價格的三分之一；

- 寶安西鄉體育中心：工作日上午免費時段吸引港人與本地退休球友組隊實戰，零成本提升技術。

- UP Tennis 福田車公廟店：經「大眾點評」購首次體驗室內發球機團購票一小時 38 元。

## 二、社群互動升級：從個人運動到跨城聯動

智能組局功能：通過微信群及「友方網球」平台內建「約戰系統」，使用者可發起「雙打缺員」「3.0 水平交流賽」等主題，系統自動推送至同城球友。筆者每周也會透過此功能在深圳各區約球，更認識到一些外籍和內地專業人士。

約球及支付閉環式運作：由於微信具備個人身份認證、信息交流、社群運營及支付等強大功能，完勝香港目前要靠多個平台，如 IG、WhatsApp、PayMe、FPS 的操作方式。

## 趨勢觀察：從經濟省惠到制度融合

「i 深圳」累計接入超過 2000 個體育場館、能預訂到超過

深圳 2000 個網球場。跨境打球已超越單純成本考量，成為深港規則銜接的試驗場：

- 制度突破：港人憑回鄉證直接註冊，預約流程與內地居民無異，體現跨境身份認證的進展；

- 文化協同：深圳球友自編《港式術語對照表》（如「競球」叫 「刁時」），促進技術交流無障礙。

## 結語：運動為媒，重塑雙城互動模式

從「跨境消費」到「跨境社群」，港人北上打球的現象折射大灣區融合的深層次轉變。深圳透過數碼化平台與惠民政策，構建「跨境運動生態圈」；香港則需借鏡經驗，將閒置場地接入智能系統，並探索「大灣區運動通票」等制度創新，將體育競技轉化為人文交流的支點。未來，當深圳球友跨過口岸至北部都會區的球場切磋，或將開啟雙城互動的新篇章。

# 香港網絡公平之困：從落馬洲口岸「二維碼之亂」到電訊壟斷的結構性矛盾

2025 年五一黃金周期間，落馬洲口岸因旅客集中使用手機二維碼出閘導致網絡癱瘓，暴露了香港電訊基礎設施的脆弱性。這一事件不僅是技術層面的「網絡塞車」，更折射出深層次的市場結構問題——由地產巨頭主導的電訊業壟斷格局，正通過控制關鍵資源（如基站布局、頻譜分配）形成「隱形買路錢」，最終由市民承擔成本。本文以 SmarTone（新鴻基）、3HK（和黃系）為例，剖析香港網絡公平的三大矛盾。

## 一、 落馬洲事件：技術瓶頸背後的資源分配失衡

落馬洲口岸的網絡癱瘓，表面看是旅客流量超載與電子支付技術的衝突，實質卻反映香港電訊業的兩大結構性問題：

1. 基站布局的地產主導性：港鐵站內及周邊的基站建設需向港鐵支付高額租金，而港鐵物業多與不同地產商合作開發。這導致基站部署優先考慮商業利益而非公共需求，例如新鴻基旗下數碼通（SmarTone）的基站集中於其關聯物業，形成「地產—電訊」閉環利益鏈。

2. 頻譜分配與資本壟斷：3HK 長期通過高價競標頻譜鞏固市場地位，例如 2018 年呼籲政府延長 5G 牌照至 20 年，試圖鎖定長期壟斷優勢。頻譜成本最終轉嫁用戶，形成「資本特權化」的收費結構。

此類壟斷模式，使得公共網絡資源成為地產與財團的「私有領地」，加劇技術瓶頸與服務不公平。

## 二、 地產資本的垂直壟斷：新鴻基與和黃的案例

香港電訊業的壟斷本質，源於地產巨頭通過垂直整合控制關鍵基礎設施：

### 1. 新鴻基的「物業—電訊」閉環

新鴻基旗下 SmarTone 依託集團地產網絡，優先在其開發的商場、住宅及港鐵上蓋項目部署基站。例如 SmarTone 在元朗 YOHO Mall、沙田新城市廣場等新鴻基物業內的信號覆蓋顯著優於其他區域，形成「服務品質與地產綁定」的市場分割。此舉不僅擠壓中小電訊商生存空間，更將公共網絡服務異化為地產增值工具。

### 2. 和黃系的「全球資本—本地壟斷」模式

李嘉誠旗下和記黃埔通過 3HK 掌控香港 25% 流動網絡市場，其商業策略凸顯跨國資本與本地壟斷的雙重性：

- 國際擴張 vs 本地資源控制：3HK 母公司長和實業將港口、電訊等戰略資產全球化（如出售巴拿馬港口予美國財團），卻在香港通過頻譜囤積（如 2018 年要求政府釋出 700MHz 頻段以鞏固 5G 優勢）限制競爭。

- 技術話語權壟斷：3HK 早年以「免預繳、低月費」策略打壓對手，後藉 5G 建設主導行業標準，迫使中小業者依賴其基礎設施。

此類模式將電訊業從公共事業轉化為資本遊戲，加劇資源分配不公。

## 三、 壟斷的社會成本：從「網絡塞車」到民生剝削

地產與電訊資本的勾連，衍生出多重社會成本：

### 1. 價格扭曲與選擇權剝奪

香港流動網絡滲透率高達 247.4%，但主要營運商（csl、3HK、Smartone）實際由四大家族控制，用戶雖有「選擇」卻無實質議價能力。例如 3HK 與 SmarTone 在 5G 資費上高度同步，形成隱性價格聯盟。

### 2. 技術創新停滯

壟斷者缺乏提升服務質量的動力。例如落馬洲事件中，港鐵 Wi-Fi 和流動網絡容量不足問題長期存在，但電訊商更傾向投資高利潤的商業區 5G 而非公共交通節點。

### 3. 公共利益邊緣化

頻譜作為公共資源，其分配受財團遊說影響。例如 2018 年有電訊商要求政府將 5G 牌照期限延至 20 年，實質阻礙新進者參與，壓縮技術革新的市場空間。

## 四、 破局之路：公共性回歸與制度重構

解決網絡公平問題，需打破「地產—資本—技術」的壟斷三角：

### 1. 基礎設施公共化

將基站建設納入城市規劃，由政府主導關鍵區域（如口岸、港鐵）的網絡部署，避免地產商以租金操控覆蓋範圍。

## 2. 頻譜分配透明化

借鑑英國「成本導向定價」模式，按實際使用需求而非拍賣價分配頻譜，並設立中小企業保障份額。

## 3. 反壟斷法規強化

針對電訊與地產的交叉持股設立限制條款，防止市場濫用（如新鴻基及和黃系優先服務自家物業的行為）。

落馬洲的「二維碼之亂」是一面鏡子，映照出香港電訊業在資本壟斷下的畸形發展。當流動網絡覆蓋淪為地產增值的籌碼、頻譜競標成為財團的金融遊戲，市民不僅為「塞車」埋單，更在無形中讓渡了數碼時代的基本權利。

流動網絡與水、電力無異，本是現代城市賴以運轉的基礎建設。然而，當新鴻基、和黃等地產巨頭透過垂直壟斷（控制物業、基站、頻譜）將公共資源私有化，當 3HK 等營運商以「市場競爭」之名行價格聯盟之實，這種扭曲的市場結構已背離公用事業應有的公共性——基礎設施本該普惠全民，而非淪為資本分贓的籌碼。

要打破僵局，需從技術與制度兩端同步革新：

1. 頻譜分配的去壟斷化

借助區塊鏈技術建立「透明頻譜賬本」，將頻段使用權拆分為具透明性可追溯的數字單位（代幣），透過智能合約實現動態分配。例如，IoT 設備可根據實時需求自動競標微小頻段，取代財團長期壟斷的「頻譜地產」模式。

2. 按量付費的公共資源稅

參考水電計費邏輯，政府可透過物聯網傳感器監測電訊商的實際頻譜使用量，按數據流量或佔用時長徵收資源稅。此舉既能終結「高價拍賣→轉嫁用戶」的惡性循環，亦能將頻譜收益直接回饋公共財政。

3. 去中心化網絡基建

推動「公民基站」（Citizen Broadband）試點，允許個人或社區利用 5G 小型基站共享閒置頻譜，並透過加密代幣結算收益。此模式可瓦解地產商對基站布局的絕對控制，形成分散式網絡生態。

政府必須正視壟斷的結構性危機：若放任地產商以「商業合作」之名把持基站布局、縱容電訊巨頭以「市場邏輯」壟斷頻譜資源，香港的數碼公平將徹底淪為空談。破局之道，在於重構公用事業的治理邏輯——將流動網絡納入水、電、交通同等級別的民生保障體系，以區塊鏈與 IoT 技術重建「公共頻譜池」，讓資本退位、讓市民成為資源的真正共治者。

唯有如此，落馬洲的「網絡塞車」才不會只是下一個壟斷劇本的重複，而是城市覺醒的起點。當頻譜從「財團期權」變為 Web3 概念的「全民共有資產」，當數據流量從「資本稅」轉為「普惠資源」，香港才可能從「地產之城」蛻變為「數碼公義」的實驗場。

# 香港金融科技、DeFi與「一帶一路」的融合：在全球化變局中以新金融突圍

在全球政治經濟格局劇烈震盪的背景下，美國「MAGA」運動所代表的保護主義浪潮與多邊主義的博弈持續深化。而香港作為中國國際化的橋頭堡，正以金融科技（FinTech）、去中心化金融（DeFi）為支點，結合「一帶一路」倡議，探索一條兼顧開放創新與戰略協同的發展路徑。這一進程中，香港既展現了制度靈活性，也面臨技術合規性與地緣風險的挑戰。

## 一、金融科技與 DeFi：香港的創新試驗場

### 1. 政策破冰與監管先行

香港近年通過一系列政策為金融科技與 DeFi 鋪路。2025 年香港證監會（SFC）正式批准持牌交易所提供質押服務，標誌著 DeFi 合規化邁出關鍵一步。此外，穩定幣監管框架的制定與代幣化貨幣市場 ETF 的推出（如 HashKey 與華夏基金合作項目），為機構資金入場掃清障礙。這些舉措不僅鞏固香港的金融中心地位，更吸引全球 Web3 企業落戶數碼港，形成生態集群。

金管局推出的「ASPIRe」路線圖，以五大支柱強化虛擬資產市場安全性與創新，包括場外交易及託管服務發牌制度，進一步推動合規化進程。截至 2025 年 5 月 4 日，已有十家虛擬資產交易平台獲發牌，顯示香港在監管框架上的前瞻性。

## 2. 技術融合與場景落地

AI 與區塊鏈的深度融合成為香港 Web3 生態的亮點。例如，金管局與數碼港合作的「生成式 AI 沙盒」，促進金融機構與科技企業合作，探索 AI 在風險管理與客戶服務中的應用。而 RWA（真實資產代幣化）賽道的增長（總市值近 200 億美元）則展示香港如何通過代幣化技術激活房地產、大宗商品等傳統資產流動性。金管局的「Ensemble 項目沙盒」更聚焦綠色金融與供應鏈金融的代幣化應用，推動技術實際落地。

## 3. 風險與機遇並存

儘管香港在合規框架上領先，但 DeFi 的匿名性與跨境特性仍可能引發洗錢與市場操縱風險。香港通過強化鏈上數據監管工具（如 Beosin 的 AML 和 KYT 追蹤技術）與推動 RDA（真實數據資產）試點，試圖平衡創新與安全。

## 二、「一帶一路」中的數字金融紐帶

### 1. 跨境支付與數字基建

香港憑藉其成熟的金融體系與數字貨幣試點（如港元穩定幣），正成為「一帶一路」沿線國家跨境支付的關鍵節點。金管局與巴西、泰國中央銀行建立的跨境合作夥伴關係，探索代幣化用例，大幅降低交易成本。此外，香港與深圳的跨境電子支付使用率上升 70%，凸顯其在大灣區科技整合中的樞紐角色。

### 2. 綠色金融與可持續發展

香港綠色金融科技的發展與「一帶一路」的綠色轉型需求高度契合。政府將九龍塘創新中心建設成「GreenTech

Hub」，匯聚超過 200 家綠色科企，並通過低碳綠色科研基金推動減碳科研項目。碳交易平台引入個人碳賬戶體系，將市民日常減排行為轉化為鏈上資產，呼應「一帶一路」沿線國家的低碳轉型需求。

### 3. 區域合作與制度輸出

香港通過「一帶一路數字基建聯盟」，以開源代碼庫推動技術普惠，例如智能合約模板與跨境清算模組的共享，降低發展中國家的技術門檻。在「香港與中東金融科技：新機遇」論壇中，香港與沙特阿拉伯深化綠色金融與 Web3 合作，展現制度輸出的戰略意圖。

## 三、挑戰與未來展望

### 1. 地緣政治的夾縫求生

中美博弈背景下，香港需在維護國際金融自由與響應國家戰略間尋找平衡。例如，美國對華技術封鎖可能影響香港 Web3 企業的芯片供應鏈，而穩定幣監管政策亦需避免捲入「美元霸權」與「數字人民幣」的角力。

### 2. 技術自主性與生態閉環

當前香港的 DeFi 生態仍依賴以太坊、Solana 等海外公鏈，未來需加速本土底層技術（如金管局「多種央行數字貨幣跨境網絡」項目）的研發，以降低系統性風險。

### 3. 人文與社區的深層聯結

Web3 不僅是技術革命，更是社群文化的重塑。香港通過「數字絲路遺產計劃」，以區塊鏈存證敦煌壁畫等文化遺產，並通過 NFT 收益反哺在地社區，為「一帶一路」的人文交流注入新內涵。

## 結語：香港的「第三種道路」

在「MAGA」思潮衝擊全球化的當下，香港以金融科技與 DeFi 為槓桿，撬動「一帶一路」的數字化未來。這一路徑既非完全依附傳統金融體系，亦非盲目追求去中心化烏托邦，而是通過制度創新、技術融合與區域協作，探索一條開放且可控的「第三種道路」。若香港能持續完善合規框架，以五四運動的德先生（民主）和賽先生（科技）的耦合精神深化區域合作，其或將成為連接東西方數字經濟的「超級樞紐」，為全球金融治理提供新範式。

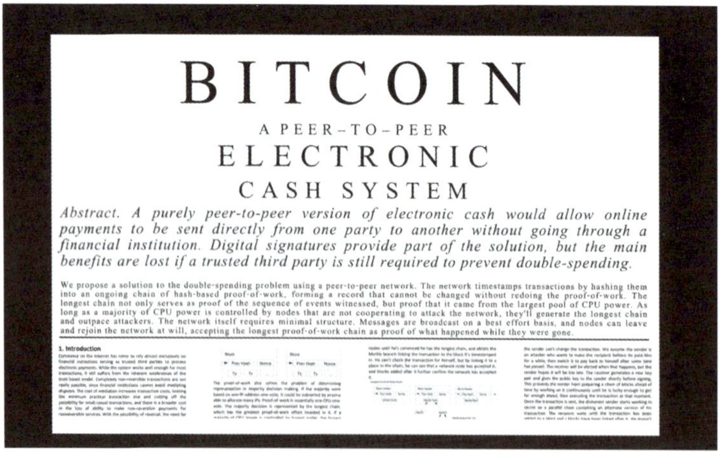

# 香港金融科技發展新方向：從「引進來」到「走出去」助力內地企業打造全球新金融生態

在全球金融科技（FinTech）競爭白熱化、地緣政治風險升溫的背景下，香港作為「超級聯絡人」的角色亟需升級。過去，香港憑藉「一國兩制」的獨特優勢，成功協助跨國企業以傳統金融模式進軍大灣區；如今，面對內地金融科技企業的全球化需求，香港應主動轉型——從「引進外資」轉為「推動內地科企出海」，搭建更符合數字經濟時代的「國際金融科技跳板」，助力中國掌握全球金融規則話語權。

## 現狀分析：為何香港須轉型？

### 1. 外企入華需求趨緩，內地科企出海勢猛

隨著大灣區市場逐步成熟，外資進入內地的傳統金融服務（如銀行、保險）趨向飽和，有些甚至撤出在華業務；反觀內地金融科技巨頭（如螞蟻集團、騰訊金融科技）已積累成熟的支付、區塊鏈技術，亟需通過香港突破國際市場壁壘。

### 2. 全球金融科技規則重構，香港可成「標準輸出者」

歐美近期加緊監管數字貨幣、跨境數據流動，中國若僅依賴國內市場，將在國際規則制定中邊緣化。香港憑藉普通法體系、資金自由流動及國際信譽，可協助內地企業對接國際標準，推動「中國方案」融入全球框架。

### 3. 地緣博弈下的「安全通道」

中美科技脫鈎風險下，香港既能保障數據安全（如本地伺服器存儲），又能通過國際認可的司法仲裁機制，降低企業海外合規風險，成為內地科企「走出去」的緩衝區。

## 香港優勢：三大槓桿撬動全球市場

### 1. 制度槓桿：一國兩制下的「政策實驗室」

跨境沙盒聯動：香港金管局可聯手內地監管機構，推出「粵港澳金融科技沙盒 2.0」，允許企業在港測試跨境數字人民幣、區塊鏈貿易融資等創新產品，成熟後直接拓展至東盟、中東市場。

法律適配器：香港律師行可開發「一帶一路合約模組」，將內地智能合約技術與普通法判例結合，解決跨境交易爭端。

### 2. 資本槓桿：構建「新金融基建生態圈」

數字資產樞紐：利用香港虛擬資產交易平台發牌制度，吸引內地企業發行符合國際 ESG 標準的綠色債券代幣化產品，並通過香港結算系統對接歐洲、中東主權基金。

離岸人民幣再升級：推動數字人民幣（eCNY）與香港 (eHKD) 的錢包整合，結合東南亞各國之間的錢包互通，在零售層面提供實時清算，繞過以美元主導、成本及風險較高的傳統銀行支付體制。

### 3. 人才槓桿：打造「國際化科創人才池」

定向吸引國際專才：參考新加坡「Tech.Pass」，推出「金融科技人才通行證」，針對人工智能合規、量子加密等領域，提供稅務優惠及研發資助。

粵港產學聯培：香港高校可與深圳騰訊、華為合作開設「金融科技跨境領袖課程」，培育熟悉內地技術與國際規則的雙向人才。

## 案例實踐：從概念到落地

### 1. 支付出海：香港「數碼港元」聯動大灣區支付巨頭

監管局可透過與騰訊集團合作，在香港試行「WeChat Pay+」跨境支付解決方案，利用數碼港元接連東南亞電子錢包，避開當地對直接使用人民幣結算的監管顧慮。

### 2. 綠色金融：大灣區新能源車企的「碳賬戶跳板」

比亞迪等企業可在港發行以碳足跡數據為基礎的綠色債券，由香港認證機構對接國際標準，吸引中東主權財富基金投資。

### 3. Web3.0 樞紐：從虛擬資產到實體經濟賦能

香港應加快穩定幣沙盒發展，積極協助京東幣鏈科技等企業，將供應鏈區塊鏈技術應用於全球跨境貿易，一方面提升香港的供應鏈金融服務能力，另一方面更可以通過香港仲裁中心解決智能合約糾紛，建立可信數據生態。

## 挑戰與對策：香港須破解三大矛盾

1. 平衡創新與監管：需以開放思維簡化內地數據跨境流動至香港的審批流程，同時應用中國自主研發的監管科技（RegTech）強化反洗錢（AML）科技監控能力。

2. 避免「單向通道」陷阱：香港不能僅做技術轉運站，應發展本土金融科技研發，比如量子金融、鏈上/ 鏈下了解你的交易（On/Off Chain KYT）等，形成雙向賦能。

3. 地緣風險管理：建立「合規科技聯盟」，聯合新加坡、杜拜等中立金融中心，分散政治壓力。

## 結語：不做「中介人」，要做「造局者」

香港的未來，不在於重複傳統金融中心的舊模式，而在於成為中國金融科技全球化的「作業系統」——既兼容內地龐大市場的創新動能，又能輸出符合國際標準的解決方案。唯有如此，方能將「一國兩制」的制度紅利，轉化為全球新金融生態的規則制定權。這條路雖難，卻是香港突圍的必然之選。

# 香港支付系統的困境與革新路徑：從 FPS 局限到穩定幣時代的突圍

香港作為國際金融中心，其支付系統的現代化程度卻與全球領先水平漸行漸遠。自 2018 年推出的快速支付系統，簡稱「轉數快」（FPS），雖在初期提升了本地轉賬效率，但面對跨境互聯、商戶服務、技術延展性等新需求時，其局限性日益凸顯。本文將從技術架構、商戶生態、跨境互聯三個維度剖析 FPS 的短板，並探討以數碼港元（eHKD）與穩定幣為核心的新型支付體系如何為香港破局。

## 一、FPS 的技術局限：從「暫停服務」到架構老化

FPS 系統頻繁的維護停機（每幾個月需暫停服務數小時）暴露了其底層設計的脆弱性。儘管日均交易量已突破 75 萬筆，但其集中式架構難以支撐未來指數級增長的支付需求。相比之下，泰國 PromptPay 系統基於分散式賬本技術（DLT）構建，可實現 99.99% 的系統可用率，且支持每秒萬級交易處理能力。這種技術代差直接導致香港在跨境支付對接中處於被動地位，例如與 PromptPay 的互聯僅能實現單向支付，而泰國商戶可通過固定二維碼直接向香港遊客收款，反向場景至今仍未能實現。

更深層的問題在於，FPS 缺乏智能合約支持，無法實現「可編程支付」等創新功能。香港金管局在「數碼港元 +」計劃中已探索離線支付、代幣化存款等場景，但現有系統難以承載這些技術升級需求。若繼續依賴 FPS 修補式改進，香港或將重蹈八達通卡技術鎖定效應的覆轍——儘管普及率高，但創新迭代速度遠落後於移動支付浪潮。

## 二、商戶生態短板：從單一轉賬到場景閉環缺失

FPS 的定位仍停留在個人轉賬工具層面，商戶服務功能嚴重缺位。數據顯示，香港零售業線上銷售佔比僅 8%-9%，遠低於內地的 27%，這與支付工具未能構建完整商業生態密切相關。以泰國 PromptPay 為例，其整合了政府退稅、社保發放、小微商戶貸款等場景，商戶可通過統一 API 接口實現資金歸集、賬務管理、營銷活動等全鏈路服務。反觀香港，商戶需同時接入 17 種支付工具，導致運營成本高企且數據割裂。

這種生態缺陷在跨境場景中更為明顯。當泰國遊客使用 PromptPay 掃碼支付時，系統可自動完成貨幣兑換、稅務計算、消費補貼發放；而香港商戶接受海外支付時，仍需通過傳統 POS 機或第三方閘道，導致手續費率高達 2%-3%。FPS 缺乏原生跨境支付能力，迫使商戶依賴銀行和 SWIFT 等傳統渠道，與日趨流行的 RippleNet、Stellar 等區塊鏈跨境結算網絡的效率差距日益擴大。

## 三、革新路徑：構建「穩定幣 +eHKD」雙軌支付體系

要突破現有困局，香港需加速推進《穩定幣條例草案》落地，並完善數碼港元基礎設施。目前香港金管局已批准渣打、京東科技等五家機構進入穩定幣沙盒，計劃發行與港元 1:1 掛鉤的穩定幣。這類資產可彌補 FPS 三大缺陷：

1. 技術延展性：基於區塊鏈的穩定幣系統天然支持智能合約，例如京東穩定幣（JD-HKD）已試驗供應鏈金融中的自動結算場景。

2. 跨境互聯：通過 mBridge 等多邊央行數字貨幣橋接項目，港元穩定幣可直接與泰國數字銖、人民幣數字貨幣互聯，實現實時跨境結算。

3. 商戶服務：圓幣科技的 HKDR 穩定幣計劃整合 DeFi 協議，商戶可直接通過持有穩定幣獲取流動性池收益，降低資金管理成本。

與此同時， eHKD 應聚焦公共服務場景。參考新加坡 PayNow 與政府服務的一體化設計，eHKD 可嵌入電子消費券發放、税務繳納、醫療支付甚至交通費用補貼（如樂悠卡）等高頻場景，並通過離線支付功能覆蓋偏遠地區商戶。金管局「Ensemble 項目」正在試驗代幣化存款在貿易融資中的應用，這為 eHKD 與穩定幣的協同提供了技術驗證。

## 四、政策建議：從監管創新到跨部門協作

香港政府需借鑑英國推動歐盟 PSD2 的經驗，由更高層級的跨部門機構主導支付系統改革。當年英國競爭及市場管理局（CMA）主導開放銀行生態，打破銀行壟斷，催生金融科技巨頭。反觀香港，若僅依賴金管局推動改革，恐難突破既有利益格局。

**具體建議包括：**

1. 成立跨部門工作組：參考「發展低空經濟工作組」模式，由財政司司長牽頭整合財經事務及庫務局、金融管理局、證監會、創科及工業局、商務及經濟發展局、甚至税務局及勞工及福利局等部門，推動技術架構升級（如分散式賬本技術）與開放銀行生態建設。

2. 立法先行：加速通過《穩定幣條例草案》，明確儲備資產託管、跨境流通規則，並修訂《支付系統及儲值支付工具條例》，強制銀行以標準化模式開放 API 接口。

3. 跨境聯盟突圍：加入多邊央行數字貨幣項目（如mBridge），利用區塊鏈技術實現與東南亞支付系統的實時清算，並推動 eHKD 與大灣區數字支付系統互聯。

若繼續固守 FPS 等傳統系統，香港不僅會在區域支付競爭中邊緣化，更可能錯失 Web3.0 時代的金融基礎設施主導權。

當曼谷街頭的小販已能通過 PromptPay 接收全球數字貨幣時，香港商戶仍在為八達通終端升級費用糾結——這種反差警示我們：支付系統的革新已不僅是技術問題，更是關乎城市競爭力的戰略抉擇。唯有以穩定幣和 eHKD 為支點，構建開放、互通的數字支付生態，香港方能重奪金融科技制高點。

# 香港缺乏開放數據立法的現狀與挑戰

在數碼時代，數據已成為城市治理和經濟發展的重要資源。全球多個國際大都會如紐約、倫敦、台北甚至貴陽，都已推動或積極考慮通過立法來促進開放數據，以推動創新、提升公共透明度與數碼參與。然而，香港卻尚未像這些城市一樣從市長層面主導推動開放數據立法，使其在數據資源共享、產業創新及市民參與等多方面面臨一定局限。

本文將從全球其他城市在開放數據立法上的實踐和經驗出發，全面剖析香港目前在這一領域存在的制度和運作限制，並提出針對性的解決方案。

## 全球城市的開放數據案例

### 紐約

紐約市作為全球經濟和金融中心之一，早在 2012 年就發布了《開放數據政策》，明確要求各政府部門在合理的時候向公眾公布數據。紐約的政策強調數據的標準化、免費取得以及數據生態系統的建立，從而推動了創新創業和市民參與。由市長辦公室直接推動，確保跨部門協同，並且有專門的開放數據平台供公眾使用。

### 倫敦

倫敦市政府積極推行政府數據開放計劃，除定期發布各類統計數據外，還設立了政策指引，規範如何保護私隱與安全。政府部門採用技術標準和開放協議，促使不同系統之間數據互通，賦能市民和企業實現數據驅動的決策和創新。這種自上而下的制度驅動模式，使得倫敦在數碼城市建設上走在前列。

### 台北

台北市則通過《城市數據開放行動方案》，在政府、學術界與私人企業之間構建共用數據平台。不僅政府部門定期釋出數據，還主動與民間合作，舉辦黑客松及創新大賽，鼓勵跨界應用。這種自下而上的創新氛圍與自上而下政策支持相得益彰，使得台北成為亞洲區域中活躍的數據創新城市。

### 貴陽

貴陽作為中國西部的一個新興數碼城市，在推動開放數據方面更是走出了一條具有區域特色的路。除了政府部門數據釋出，貴陽還與地方企業達成合作，共同推動數據資源的整合和應用，從而激發了地方創新活力。貴陽的策略以地方政策扶持和實地試點為基石，取得了不俗的成效。

## 香港的現狀與多重限制

### 1. 制度與政策層面的局限

香港歷來以金融與貿易著稱，政府策略重點多聚焦於法律制度、經濟環境和國際金融市場的穩定。然而，在數據開放領域，缺乏從市長或高層政府直接主導的綜合推動計劃。儘管部分政府部門也有開放部分數據，但政策尚未達到全市無縫共享、跨部門協作的水平，也缺乏專門針對開放數據立法的系統性架構。

### 2. 技術與跨部門落實的不足

與紐約和倫敦那樣具備明確技術標準與數據平台相比，香港政府在數據標準制定、資料庫互聯互通、私隱與安全保護之間仍存在協同不足的現象。不同部門之間數據格式、釋出方式和更新頻率均不一致，致使公共數據以「孤島」形式存在，難以充分支撐創新應用或市場需求。

**3. 市民參與與創新生態待培育**

缺乏市長層面的開放數據政策導致社會各界欠缺明確的數據資源參與機制。與台北黑客松和倫敦各項創新挑戰相比，香港的創新生態容易因數據不透明、應用門檻過高而受限，難以激發第三方創新力量與民間智慧。

## 香港開放數據發展的關鍵挑戰

**1. 立法滯後**

相比倫敦（2010 年）、紐約（2012 年）等城市，香港至今未有專門立法，僅依賴行政指引，導致執行力不足。

**2. 數據質量與可用性低**

近半數據仍以 PDF 等非結構化格式發布，僅 29% 提供 API 接口，遠低於國際標準（如倫敦 98% 機器可讀）。

**3. 缺乏跨部門協調**

各部門數據更新頻率差異極大（如運輸署實時數據 vs 教育局年度統計），影響應用開發。

**4. 民間參與不足**

相較台北定期舉辦黑客松，香港缺乏系統性機制鼓勵企業與公眾利用開放數據創新。

## 沒有真正的開放數據帶來的問題

### 1. 創新應用受限

傳統行業和初創企業因無法輕易獲取政府數據，將難以推動基於數據驅動的創新項目，從而影響產業轉型與經濟多元化發展。

### 2. 透明度與市民信任度下降

政府數據無法公開共享，可能引起公眾對政府決策透明度、資源配置合理性等問題的疑慮，最終影響市民參與與社會信任。

### 3. 跨部門協同問題

資料封閉與部門割裂容易導致政府在應對緊急情況、城市管理等方面信息不流通，從而降低了應對突發事件和跨部門協同合作的效率。

### 4. 國際競爭力不足

作為國際大都會，缺乏開放數據戰略可能使香港在智慧城市建設和數碼經濟競爭中的優勢逐步削弱，面臨其他城市數碼競爭力上升的挑戰。

## 可行解決方案與建議

### 1. 推動立法與制度建設

政府應以特首聯同高層領導為推動力，制定針對數據開放的法律或行政指引，確保所有政府部門按照統一標準釋出數據。這將有助於建立全市性、跨部門的數據共享體系。

### 2. 建立統一的開放數據平台

借鑒紐約和倫敦的經驗，成立一個專屬的開放數據平台，委任專責官員負責統一管理、更新與釋放政府數據。這不僅能方便市民進行數據查詢，也能吸引企業與科研機構開展應用開發。

### 3. 加強民間與政府的合作

可舉辦數據黑客松、大賽等活動，結合學術界及企業力量，共同探索數據應用潛力，從而激發數據創新。同時，建立反饋機制，將民間智慧納入未來政策完善過程中。

### 4. 提升數據安全與私隱保護技術

在推進開放數據過程中，必須建立一整套數據安全和個人私隱保護措施，可參考國際上成熟的模式，制定嚴格的技術標準和評估機制，保證數據釋出既安全又透明。

### 5. 組建跨部門協調機制

政府應設立專門的跨部門協調委員會，確保各部門在數據開放過程中的政策執行與技術標準保持一致，從而在全市範圍內推動數據共享與應用協同。

在全球智慧城市的大潮中，開放數據已成為推動產業創新、市政透明與公民參與的關鍵元素。香港作為國際金融中心，若能借鑒紐約、倫敦、台北及貴陽的寶貴經驗，透過立法與制度創新來推動數據開放，必將為城市帶來全新的發展機遇。面對數碼經濟迅速崛起的浪潮，香港只有突破現有限制，打造高效、透明且兼顧安全的數據開放生態系統，才能在全球競爭中立於不敗之地。

透過上述多方位的策略與建議，香港可從政策制定、技術建設與跨部門協同等各個角度入手，迎來一個真正數據驅動的未來。

## 全球主要城市開放數據立法進程比較

| 紐約 | |
|---|---|
| 立法 / 政策名稱 | 《開放數據政策》 |
| 實施時間 | 2012 年 3 月 |
| 核心特點 | 全球首個強制性政府數據開放政策，要求各部門按標準公開數據 |
| 成效表現 | 累計開放超過 3,000 項數據集，推動多個創新應用 |
| **倫敦** | |
| 立法 / 政策名稱 | 《倫敦數據存儲庫計劃》 |
| 實施時間 | 2010 年 6 月 |
| 核心特點 | 整合 32 個行政區的標準化數據，建立統一開放平臺 |
| 成效表現 | 年均節省行政開支 1,200 萬英鎊，提升政府透明度 |
| **臺北** | |
| 立法 / 政策名稱 | 《政府資料開放授權條款》 |
| 實施時間 | 2013 年 12 月 |
| 核心特點 | 採用「CC 授權 4.0」臺灣在地化版本，促進民間應用 |
| 成效表現 | 促成 400 多項民間創新應用，如交通與環境監測系統 |
| **貴陽** | |
| 立法 / 政策名稱 | 《貴陽市政府數據共享開放條例》 |
| 實施時間 | 2017 年 5 月 |
| 核心特點 | 中國首部地方性數據開放專項法規，結合企業合作 |
| 成效表現 | 帶動大數據產業年增長 35%，成為區域數碼經濟樞紐 |
| **香港** | |
| 現行措施 | 《資料一線通》計劃（非立法） |
| 實施時間 | 2011 年（自願性數據發布） |
| 核心問題 | 缺乏強制性，數據開放量少且格式不統一 |
| 現狀表現 | 僅開放 1,800 多項非關鍵數據集，機器可讀格式不足 60% |

# 智能合約 vs 傳統 API：香港金融科技如何實現彎道超車？

香港的開放銀行（Open Banking）政策雖自 2017 年由金管局推動，但在實際執行中，因缺乏統一的 API 標準，銀行各自為政，加上監管力度不足，確實對金融科技發展形成顯著阻礙，甚至與開放銀行的初衷產生矛盾。以下從問題成因、現狀影響及與歐盟模式的對比進行分析：

## 一、香港 Open API 的標準碎片化問題

銀行自行制定 API 標準：根據業界觀察，香港主要發鈔銀行（如滙豐、渣打、中銀香港）傾向發展「封閉式」API 系統，而非遵循統一技術標準。例如，Jetco（銀通）本可作為 API 共享平台，但最終因銀行選擇獨立發展而未能整合資源。這種分散模式導致第三方服務商需為每家銀行開發不同接口，大幅增加技術成本與時間。

缺乏強制性監管框架：歐盟的 PSD2 法規強制要求金融機構統一 API 技術標準，並確保第三方存取權限，而香港金管局僅以「風險為本」原則建議銀行分階段實施，未強制規範技術細節。例如，即使金管局發布《開放 API 框架》，銀行在數據開放深度（如帳戶交易權限）與技術協議（如認證流程）上仍存在顯著差異。

## 二、對金融科技發展的負面影響

創新成本高企：金融科技公司需投入大量資源適應不同銀行的 API 格式，例如中銀香港與 MoneyHero 等平台合作時，需

逐一對接其專有接口。相較之下，歐盟的標準化 API 讓開發者能快速整合跨銀行服務，推動如預算管理工具、支付發起服務等創新應用。

數據開放深度不足：目前多數香港銀行僅開放第一階段（產品資訊查閱）與部分第二階段（產品申請）功能，關鍵的帳戶數據（如交易紀錄）與支付功能尚未普及。根據市場觀察，現有 API 多限於匯率、利率等公開數據，實用性有限，而第三方仍需透過「螢幕截取」等非正式手段獲取用戶資料，衍生安全風險。

銀行保守心態與資源限制：部分銀行將 API 視為合規要求而非戰略機會，擔心客戶資料外流與競爭加劇，導致開放意願低落。此外，銀行 IT 部門長期缺乏軟件開發經驗，專業人力短缺也延緩了技術落地。

## 三、與歐盟 PSD2 模式的對比

強制性規範：歐盟透過 PSD2 法規強制銀行統一 API 技術標準（如使用 OAuth 2.0 認證、RESTful 架構），並要求開放帳戶數據與支付功能，促使第三方服務商能無縫整合跨銀行服務。反觀香港，金管局僅提供框架建議，未立法強制執行，導致銀行自主性過高。

以 Web3 整合數位貨幣與開放銀行，突破碎片化困境：香港要解決 API 標準碎片化對金融科技的阻礙，需加速擁抱 Web3 技術，結合標準化穩定幣、存款代幣、數碼港元（e-HKD）與智能合約，重塑開放銀行生態。

### 1. 統一互操作性基礎

- 推動港元穩定幣標準化，消除銀行 API 差異，第三方服務商僅需對接單一區塊鏈協議即可跨平台整合。

- 發展數碼港元及存款代幣分層體系，利用智能合約實現自動化支付（如供應鏈金融「貨到付款」）、即時跨境結算，降低傳統系統產生的摩擦。

### 2. Web3 重構數據與服務架構

- 以 iAM Smart 甚至去中心化身份（DID）取代銀行自主的身份核實模式操作 API，用戶自主授權交易數據共享，打破銀行數據壟斷。

- 強制銀行將核心功能（帳戶查詢、支付）部署至「合規許可鏈」，透過標準智能合約接口開放，形成「鏈上開放銀行」。

### 3. 監管創新與生態協同

- 修訂《穩定幣條例》，要求支持智能合約並兼容 e-HKD，同步擴充「Ensemble 項目」沙盒至存款代幣與 API 整合測試。

- 建立鏈上監管工具（如實時 AML 檢查），透過透明儲備證明與智能合約審計平衡創新風險。

香港應將 2025 年定為「Web3 金融整合元年」，從被動解決 API 碎片化轉為主動定義「可編程金融」全球標準，方能免陷技術泥淖，鞏固國際金融科技中心地位。

# 「Speed」直播掀深港反差：載人無人機 VS 百年電車 香港融合怎突圍？

美國網紅「iShowSpeed」今年在香港與深圳直播時，兩地的科技反差令全球網民瞠目——深圳夜空上演萬架無人機的 AI 編隊燈光秀，Speed 親自試坐載人無人機，無人機頭頂送來雞腿，購買三摺華為手機與跳舞機器人共舞及搭乘水陸兩用車；鏡頭轉回香港，卻仍是百年叮叮車、蘭桂坊酒吧街與鵝頸橋打小人「經典三件套」。這組對比不僅是旅遊賣點的差異，更折射出深港兩地在產業升級與城市治理上的代際差距。若香港仍滿足於「食老本」，北部都會區的融合大計恐淪為紙上談兵。

## 硬體困局難解　何不從「軟聯通」破冰？

深港融合的硬體障礙猶如「愚公移山」，香港右軚車與內地左軚車的系統衝突、電壓標準與充電規格迥異，甚至身份證與回鄉證的雙軌並行，皆非短期可解。但「軟體融合」卻能立即創造有感改變：

數碼生活圈：香港公務溝通依賴電郵和 WhatsApp（香港政府仍然大量使用 fax），內地則以微信為主。政府可推動「智方便」與「i 深圳」App 互通跨境繳費、預約服務，並在不同頻繁應用的民生應用場景試行如整合票務等，減少市民切換成本。

法律文書對接：跨境企業常因合約的英文/繁體中文版本與內地簡體標準衝突而卻步。兩地若能設立「標準化商事文件庫」，可降低中小企北上門檻。這些措施無需天價建立，卻能直擊跨境痛點，為深度融合積累社會信任。

## 北部都會區諮詢會：別再「見樹不見林」

目前北部都會區的部門諮詢會，仍陷於技術細節的泥沼——運輸署糾結左軚車改造、房屋局鑽研土地條例，缺乏頂層協調。河套區的教訓歷歷在目，深圳側已建成「無人機指揮中心」等設施，香港側卻因環評、道路的地契等問題延宕，導致企業進駐意願低迷。若繼續各自為政，北部都會區只會重蹈覆轍。

## 低空經濟啟示：跨部門協作才能創造「深圳速度」

值得慶幸的是，港府在低空經濟展現新思維。商經局聯同民航處、發展局以「特事特辦」方式，引進深圳企業測試無人機物流，更計劃開通「深圳灣——洪水橋」空中的士航線。這種「以結果為目標」的跨部門模式，正是深港融合的關鍵：

1. 成立「融合 KPI 辦公室」：由政務司司長統籌，訂立如「一年內實現 X 項跨境數碼服務」等量化目標，打破部門之間互相拖延。

2. 產業導向試點：在新田科技城試行「深港創科通關綠道」，允許內地科研設備、資金無縫過河，並簡化人才簽證。

## 無人機的天空 香港的機遇

當 iShowSpeed 的鏡頭捕捉到深圳無人機群如繁星閃耀時，香港不該只滿足於維港夜景的「傳統美」。低空經濟證明，只要打破行政慣性，香港完全可借力深圳的科技動能，從「金融中心」升級為「創科走廊」。融合不是硬體強行接軌，而是透過制度創新釋放人流、物流、數據流的潛力。若再拖延，只怕連「老本」都會被時代淘汰。

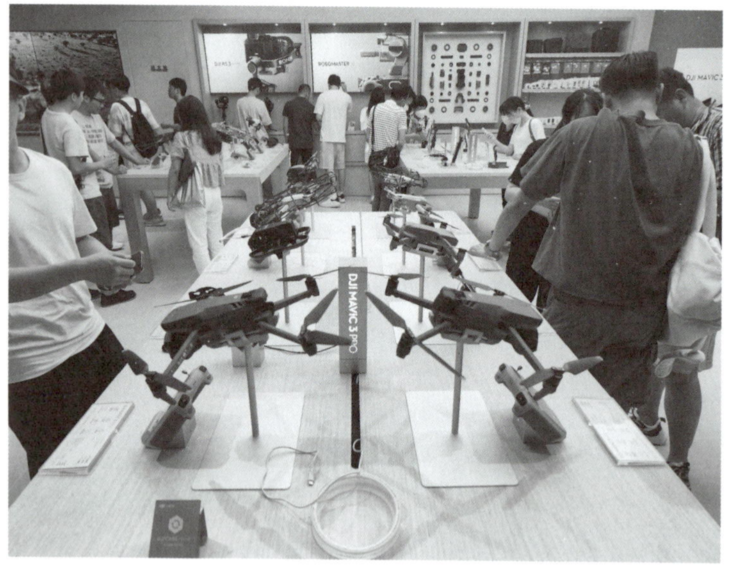
DJI MAVIC 3 PRO

作者邵志堯出席 AM730 ESG 綠色發展及碳中和大獎 2024 頒獎典禮

作者邵志堯出席由 TVB 和 HKPC 合作搞的 TVB ESG Forum，並主持小組會議

作者邵志堯出席澳門大學 45 週年校友會晚宴，以「新質生產力」作演講題材

作者邵志堯出席蕾奧人工智能舉辦的論壇，參觀福田區展示廳，將會在前海掛牌落戶

作者邵志堯獲頒 2024-25 年度最佳公共財政評論 KOL 大獎

作者陳潁峯在大中華金融業人員總會就職典禮上與立法會議員李惟宏先生合照

作者陳潁峯在中國國家行政學院香港工商專業同學會晚宴上與商務及經濟發展局副局長陳百里博士合照

作者陳潁峯在香港資訊及通訊科技獎大獎評審上與嶺南大學校長秦泗釗教授合照

作者陳潁峯在香港資訊及通訊科技獎大獎簡介會上與財經事務及庫務局副局長陳浩濂先生合照

作者陳頴峯在香港銀行學會講座上與匯豐銀行主席王冬勝博士合照

作者陳潁峯在香港證券投資學會主席酒會上與證監會主席黃天祐博士合照

作者陳潁峯與 1997 年諾貝爾經濟學獎得主 Prof. Myron Scholes 合照

作者呂日朗在不同場合作學術分享及教學

作者呂日朗在不同場合作學術分享及教學

作者呂日朗在不同場合作學術分享及教學

陳家豪 25 年 2 月到臺灣慶祝好友張傳育教授就任雲林科技大學校長

陳家豪以雲端與流動運算專業人士協會會長身份擔任明報卓越財經大獎評判及頒獎嘉賓

陳家豪出席香港金融科技協會及深圳金融科技協會合辦在香港和深圳兩地舉行的大灣區金融科技年會活動

陳家豪在在主持香港數字金融協會的業界活動。圖中分享嘉賓是 PAOBank 的 CISO Willis Yung

陳家豪在香港電臺第三台 Back Chat 節目接受訪問

陳家豪在香港數字金融協會的業界活動上擔任圓桌會議主持

陳家豪年中到匈牙利布達佩斯金融科技週分享香港金融科技發展狀況

陳家豪是香港聖約翰救護機構當義務科技顧問超過十年。圖為年度週年晚宴大合照

陳家豪參與由智慧城市聯盟會長楊文鋭 MH 做主持商臺人民大道中節目

陳家豪與陳頴峯在數碼港參與區塊鏈安全論壇

陳家豪與陳頴峯參與證監會的反洗錢活動時合照

陳家豪擔任 AI+Power 活動的金融科技顧問及擔任研討會主持